高等院校产品设计专业系列教材

Photoshop
产品设计与表现

侯巍巍　丁　豪　刘松洋　编著

Design

Product Design and Drawing
with Photoshop

清华大学出版社
北京

内 容 简 介

本书首先详细介绍计算机辅助工业设计的相关内容，对各种辅助设计软件进行对比分析，使读者了解这些软件在工业设计中的作用，并根据自己的需要选择学习，避免盲目学习软件技能；其次，本书对设计表达的相关理论知识进行讲解，从形态的体量感、质感，以及产品常见的材质特征、滤镜表现等方面分析和讲解产品形态表现的规律，并通过 Photoshop 软件进行实践；最后，本书选择多个典型产品案例进行综合表现讲解。案例从易到难，从简单到复杂，操作流程讲解深入浅出，对关键点着重讲解，力求使读者举一反三，灵活应用。

本书可作为高等院校产品设计、工业设计专业的教材，也可作为产品设计师、工业设计师及设计爱好者的参考书。

图书在版编目 (CIP) 数据

Photoshop 产品设计与表现 / 侯巍巍，丁豪，刘松洋编著. —北京：清华大学出版社，2024.3
高等院校产品设计专业系列教材
ISBN 978-7-302-65632-6

Ⅰ.①P… Ⅱ.①侯… ②丁… ③刘… Ⅲ.①产品设计—计算机辅助设计—图像处理软件—高等学校—教材 Ⅳ.① TB472-39

中国国家版本馆 CIP 数据核字 (2024) 第 048029 号

责任编辑：李 磊
装帧设计：陈 侃
责任校对：马遥遥
责任印制：宋 林

出版发行：清华大学出版社
  网   址：https://www.tup.com.cn，https://www.wqxuetang.com
  地   址：北京清华大学学研大厦A座   邮 编：100084
  社 总 机：010-83470000   邮 购：010-62786544
  投稿与读者服务：010-62776969，c-service@tup.tsinghua.edu.cn
  质 量 反 馈：010-62772015，zhiliang@tup.tsinghua.edu.cn
印 装 者：涿州汇美亿浓印刷有限公司
经 销：全国新华书店
开 本：185mm×260mm 印 张：13.75 字 数：334千字
版 次：2024年4月第1版 印 次：2024年4月第1次印刷
定 价：79.80元

产品编号：102082-01

编委会

序

设计，时时事事处处都伴随着我们。我们身边的每一件物品都被有意或无意地设计过或设计着，离开设计的生活是不可想象的。

2012年，中华人民共和国教育部修订的本科教学目录中新增了"艺术学—设计学类—产品设计"专业。该专业虽然设立时间较晚，但发展非常迅猛。

从2012年的"普通高等学校本科专业目录新旧专业对照表"中，我们不难发现产品设计专业与传统的工业设计专业有着非常密切的关系，新目录中的"产品设计"对应旧目录中的"艺术设计(部分)""工业设计(部分)"，从中也可以看出艺术学下开设的产品设计专业与工学下开设的工业设计专业之间的渊源。

因此，我们在学习产品设计前就不得不重点回溯工业设计。工业设计起源于欧洲，有超过百年的发展历史，随着人类社会的不断发展，工业设计也发生了翻天覆地的变化：设计对象从实体的物慢慢过渡到虚拟的物和事，设计方法越来越丰富，设计的边界越来越模糊和虚化。可见，从语源学的视角且在不同的语境下厘清设计、工业设计、产品设计等相关概念，并结合对围绕着我们的"被设计"的事、物和现象的观察，无疑可以帮助我们更深刻地理解工业设计的内涵。工业设计的综合性、交叉性和边缘性决定了其外延是广泛的，从艺术、文化、经济和技术等不同的视角对工业设计进行解读或许可以更全面地还原工业设计的本质，有利于人们进一步理解它。从时代性和地域性的视角对工业设计的历史进行解读并不仅仅是为了再现其发展的历程，更是为了探索工业设计发展的动力，并以此推动工业设计的发展。人类基于经济、文化、技术、社会等宏观环境的创新，对产品的物理环境与空间环境的探索，对功能、结构、材料、形态、色彩、材质等产品固有属性及产品物质属性的思考，以及对人类自身的关注，都是工业设计不断发展的重要基础与动力。

工业设计百年的发展历程为人类社会的进步做出了哪些贡献？工业发达国家的发展历程表明，工业设计带来的创新，不但为社会积累了极大的财富，也为人类创造了更加美好的生活，更为经济的可持续发展提供了源源不断的动力。在这一发展进程中，工业设计教育也发挥着至关重要的作用。

随着我国经济结构的调整与转型，从"中国制造"走向"中国智造"已是大势所趋，这种巨变将需要大量具有创新和实践应用能力的工业设计人才。党的二十大报告为我国坚定推进教育高质量发展指出了明确的方向。艺术设计专业的教育工作应该深入贯彻落实党的二十大精神，不断创新、开拓进取，积极探索新时代基于数字化环境的教学和实践模式，实现艺术设计的可持续发展，培养具备全球视野、能够独立思考和具有实践探索能力的高素质人才。

未来，工业设计及教育，以及产品设计及教育在我国的经济、文化建设中将发挥越来越重要的作用。因此，如何构建具有创新驱动能力的产品设计人才培养体系，成为我国高校产品设计教育相关专业面临的重大挑战。党的二十大精神及相关要求，对于本系列教材的编写工作有着重要的指导意义，也进一步激励我们为促进世界文化多样性的发展做出积极的贡献。

由于产品设计与工业设计之间存在渊源，且产品设计专业开设的时间相对较晚，因此针对产品设计专业编写的系列教材，在工业设计与艺术设计专业知识体系的基础上，应当展现产品设计的新理念、新潮流、新趋势。

我们从全新的视角诠释产品设计的本质与内涵，同时结合院校自身的资源优势，充分发挥院校专业人才培养的特色，并在此基础上建立符合时代发展要求的人才培养体系。我们也充分认识到，随着我国经济的转型及文化的发展，对产品设计人才的需求将不断增加，而产品设计人才的培养在服务国家经济、文化建设方面必将起到非常重要的作用。

本系列教材的出版适逢我院产品设计专业荣获"国家级一流专业建设单位"称号。结合国家级一流专业建设目标，通过教材建设促进学科、专业体系健全发展，是高等院校专业建设的重点工作内容之一，本系列教材的出版目的也在于此。本系列教材有两大特色：第一，强化人文、科学素养，注重中国传统文化的传承，吸收世界多元文化，注重启发学生的创意思维能力，以培养具有国际化视野的创新与应用型设计人才为目标；第二，坚持"科学与艺术相融合、创新与应用相结合"，以学、研、产、用一体化的教学改革为依托，积极探索国家级一流专业的教学体系、教学模式与教学方法。教材中的内容强调产品设计的创新性与应用性，增强学生的创新实践能力与服务社会能力，进一步凸显了艺术院校背景下的专业办学特色。

相信此系列教材的出版对产品设计专业的在校学生、教师，以及产品设计工作者等均有学习与借鉴作用。

天津美术学院国家级一流专业(产品设计)建设单位负责人、教授

前　言

　　计算机辅助设计表现是产品设计、工业设计专业学生需要掌握的专业技能，也是专业教学的关键环节。在教学过程中，教师经常会遇到这样一些学生：他们作品临摹得不错，但在实际设计中需要表现自己的创意时却无所适从；谈论设计时头头是道，但具体实践时却无从下手。这些问题都体现出设计在效果表现方面具有灵活性和实践性。灵活性就需要学生掌握设计表现方面深层次规律性的内容，才能从容面对各类产品效果的表现；实践性就是要不断地练习和应用，在设计过程中体会设计与表现的关系。

　　党的二十大报告为我国坚定推进教育高质量发展指出了明确的方向。在此背景下，本系列教材编写组以"加快推进教育现代化，建设教育强国，办好人民满意的教育"为目标，以"强化现代化建设人才支撑"为动力，以"为实现中华民族伟大复兴贡献教育力量"为指引，进行了满足新时代新需求的创新性编写尝试。

　　在编写本书学习内容时，坚持理论与实践相结合的原则，从前期的形态表现、基础工具内容的学习，到追求产品材质和滤镜表现与完善产品细节，最后以实践案例的形式帮助读者进行全方位、由浅入深的学习，帮助读者更好地掌握Photoshop软件的设计表现技能。

　　本书主要讲解各种设计表现的特点。全书共分9章内容，具体介绍如下。

　　第1~2章介绍计算机辅助设计的理论知识。首先，讲解计算机在工业设计中的作用和发展过程。Photoshop软件对工业设计的辅助作用越来越大，应用领域广泛。计算机辅助工业设计可提高设计效率、提升设计质量。其次，对各种设计软件进行对比分析，使读者了解各种软件在工业设计中的不同作用，并根据需要进行选择，而不是盲目学习软件技能。最后，从形态的体量感、质感及美学等方面分析产品形态表现的规律。

　　第3~5章以绘制案例的方式，使读者潜移默化地掌握Photoshop软件绘制产品效果图的基本命令、常用材质及滤镜表现。首先，通过Photoshop软件的基本命令讲解，使读者建立对软件的基本认识。其次，通过深入讲解塑料、玻璃和金属等产品设计中常用的材质，重点培养读者对光和影的理解，对各种材质的分析。最后，讲解如何绘制常见的产品细节。每一个复杂的产品形态表现都由细节特征组合而成，通过该部分内容的学习，读者能够掌握材质和细节的灵活表现方法，为表现复杂产品打好基础。

第6～8章选择多个典型产品，讲解形态综合表现方法并进行实践。案例从易到难，流程讲解深入浅出，力求使读者举一反三，活学活用。所选案例典型而丰富，包括电动剃须刀、头戴式耳机和跑车，基本涵盖了工业设计中常见的表现案例和材质。

第9章与前几章不同的是，重点讲解产品设计后期效果图精修的技巧，目的是配合渲染软件将产品效果图制作得更加精致、逼真，同时，也是考验读者对明暗关系的理解，适合有一定美术功底的人群学习。

教学资源

为便于学生学习和教师开展教学工作，本书提供立体化教学资源，包括案例素材文件、效果文件、教学视频、教学课件、教学大纲、教案等。读者可扫描右侧的二维码，将文件推送到自己的邮箱后下载获取(注意：请将该二维码下的所有压缩文件全部下载完毕后再进行解压，即可得到完整的文件)。

本书由侯巍巍、丁豪、刘松洋编著，汪凯龙、石涛、方义超、于为康、杨华婷、王婧等也参与了本书的编写工作。由于作者水平所限，书中难免有疏漏和不足之处，恳请广大读者批评指正，提出宝贵的意见和建议。

编　者

目录

第1章　计算机辅助工业设计　1

1.1　计算机在工业设计中的应用　2

1.2　计算机辅助设计软件的发展过程　5

1.3　工业设计常用软件分类　6

第2章　产品形态表现原理　9

2.1　产品造型的表现要素　10

2.1.1　产品形态的体量感　10

2.1.2　产品形态的质感　10

2.1.3　产品形态中常见的材质特征　12

2.2　形态的视觉原理　13

2.3　产品形态表现的美学规律　14

2.3.1　统一与变化　14

2.3.2　对称与均衡　15

2.3.3　对比与调和　15

2.3.4　节奏与韵律　16

2.3.5　比例与尺度　16

第3章　Photoshop辅助设计基础知识　17

3.1　Photoshop工作界面详解　18

3.1.1　图像编辑窗口　19

3.1.2　工具栏　19

3.1.3　工具属性栏　19

3.1.4　菜单栏　20

3.1.5　"图层"面板　20

3.1.6　图层样式　21

3.1.7　"通道"面板　23

3.1.8　蒙版　25

3.1.9　"色板"面板　28

3.1.10　"历史记录"面板　28

3.2　Photoshop后期精修常用工具　28

3.2.1　常用工具1：笔记本电脑　28

3.2.2　常用工具2：电动螺丝刀　33

3.2.3　常用工具3：平板电脑　39

3.2.4　常用工具4：电子烟　48

3.3　本章小结　62

第4章　Photoshop的材质应用
与滤镜表现　63

4.1　材质表现　64

4.1.1　金属材质表现　64

4.1.2　塑料材质表现　70

4.1.3　玻璃材质表现　72

4.1.4　木质材质表现　75

4.2　滤镜表现　78

4.2.1　CD纹　79

4.2.2　拉丝、磨砂　81

4.2.3　轮毂转动、残影　83

4.3　本章小结　84

第5章　绘制常见的产品细节　85

5.1　绘制孔位　86

5.2　绘制按键　90

5.3　绘制缝隙　94

5.4　绘制槽位　95

5.5　绘制指示灯　96

5.6	绘制螺钉	98
5.7	本章小结	99

第6章　电动剃须刀设计表现　101

6.1	绘制刀网	102
6.2	绘制刀头	110
6.3	绘制壳体	121
6.4	绘制开关按钮	132
6.5	调整高光	136
6.6	本章小结	136

第7章　头戴式耳机设计表现　137

7.1	绘制轮廓线	138
7.2	绘制海绵耳套	140
7.3	绘制黑色磨砂塑料外壳	144
7.4	绘制银色金属外壳	146
7.5	绘制皮革部分	147
7.6	绘制高反光塑料	148
7.7	补充细节	150
7.8	本章小结	153

第8章　跑车设计表现　155

8.1	绘制轮廓线	157
8.2	绘制跑车的车体部分	159
8.2.1	绘制跑车车身	159
8.2.2	绘制跑车车窗	164
8.2.3	绘制进气孔部分	165
8.2.4	绘制反光镜	167
8.2.5	绘制排气扇	173
8.3	绘制跑车的车灯部分	174
8.4	绘制跑车的前脸部分	179
8.5	绘制跑车的车轮部分	184
8.6	本章小结	190

第9章　无线吸尘器精修　191

9.1	无线吸尘器调色	192
9.2	无线吸尘器补光	197
9.3	添加无线吸尘器标志	208
9.4	本章小结	210

第 **1** 章

计算机辅助工业设计

主要内容： 讲解计算机在工业设计中的应用和计算机辅助设计软件的发展过程，并拓展性分析工业设计常用软件。

教学目标： 通过对本章内容的学习，使读者了解计算机辅助工业设计的重要作用，明确只有掌握多种类型软件，具备整体眼光和全局能力，才能成为优秀的设计师。

学习要点： 掌握计算机在工业设计中的应用范围，了解工业设计常用的软件。

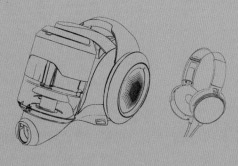

Product Design

计算机辅助工业设计(computer aided industrial design, CAID)，即在计算机及其相应的软件系统支持下，进行工业设计领域的各类创造性活动。它的应用和普及对工业设计流程、设计方法、设计对象和设计效率等多方面都产生了深刻影响。设计师可以通过互联网跨地域协同进行产品设计活动；通过数据挖掘技术进行用户研究；通过图形设计软件推敲产品形态，渲染逼真的产品外观效果图，构建精确的数字模型；通过快速成型技术将设计创意转变为实物；通过工程分析软件分析外观的强度、零部件的干涉及人机关系是否合理。随着计算机和互联网技术的发展，计算机辅助设计将对工业设计产生越来越大的影响。

CAID与传统的工业设计相比，在设计方法、设计过程、设计质量和设计效率等方面都发生了质的变化，它涉及计算机辅助设计技术、人工智能技术、多媒体技术、虚拟现实技术、敏捷制造、优化技术、模糊技术、人机工程等众多信息技术领域，是一门综合的交叉性学科。CAID以工业设计知识为主体，以计算机和网络等信息技术为辅助工具，实现产品形态、色彩、宜人性设计和美学原则的量化描述，设计出更加经济、实用、美观、宜人和创新的产品，从而满足人们不同层次的需求。

1.1 计算机在工业设计中的应用

计算机辅助技术的发展和应用丰富了工业设计的技术手段。例如，从过去传统的手绘发展成鼠标绘制，从手工模型逐渐发展为数字模型。现在一款产品从设计、加工到最后的装配，每一个环节都可以通过计算机进行精准控制。图1-1为工业设计流程和应用的软件，从设计调研、概念设计、详细设计到工程分析，每个步骤都有计算机的参与。

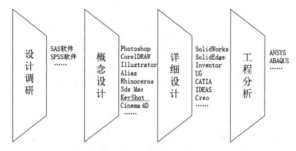

图1-1　工业设计流程和应用软件

1. 设计调研

识别和理解目标用户是产品设计的第一步，同样重要的还有分析市场上类似的产品和类似产品针对的用户群，甄别其是否是竞争对手，这些工作对设计非常有借鉴意义，了解其他产品的过程有利于比较和理解自己产品目标用户的需求。

非常有价值的调研方法是对用户使用产品的过程进行情节描述，考虑不同环境、工具和用户可能遇到的各种约束的情况，深入实际的使用场景去观察用户执行任务的过程，找到有利于用户操作的设计。通过一些方法寻找符合目标用户条件的人来帮助测试原型，听取他们的反馈，并努力使用户说出他们的关注点，和用户一起设计，而不是自己猜测。调研的根本目的在于，通过对市场中同类产品相应信息的收集和研究，为即将开始的设计研发活动确定一个基准，并用这个基准指导产品设计的重要阶段。

在设计调研阶段，设计师一般要对用户和竞品进行调查，调查越广泛，数据越丰富，对后期的概念设计帮助越大。例如，SAS和SPSS等统计软件可以从丰富的数据中挖掘规律，从而有效地指导概念设计。

2. 概念设计

概念设计是由分析用户需求到生成概念产品的一系列有序的、可组织的、有目标的设计活动，它表现为一个由粗到精、由模糊到清晰、由抽象到具体的不断进化的过程。概念产品设计是设计过程中最重要、最复杂、最不确定的阶段，也是产品形成价值过程中最有决定意义的阶段，它是设计理论中研究的热点，需要将市场运作、工程技术、造型艺术、设计理论等多学科的知识相互融合、综合运用，从而对产品做出概念性的规划。概念设计的目的是在产品开发的前期对将要进入市场的新产品、新技术、新设计进行全方位的验证，提出新的功能和创意，并为将来新产品的设计、生产探索解决问题的方案，做好充分准备。

概念设计包含创新和概念可视化。在创新方面，设计师可通过多种途径和工具寻找可行的创新方案。在概念可视化方面，就是将文字和草图形式的产品概念，通过图样与样机模型转化为更直观、更容易被普通人理解的可视化形态。可视化就是将设计概念具象化地表现出来，使概念产品由原来的"无形"变为"有形"。简单说，概念可视化就是我们常说的草图和效果图等，支持绘图方面的软件也非常丰富，有擅长处理图像、表现光影的，如Photoshop是位图软件和像素绘图工具等；有擅长二维造型的，如CorelDRAW是矢量画图软件等；有擅长三维曲面建模的，如Rhinoceros等；有擅长三维模型渲染的，如KeyShot等。图1-2所示为设计师用Rhinoceros构建的数字模型，经过KeyShot的渲染，可用于设计探讨和效果展示。

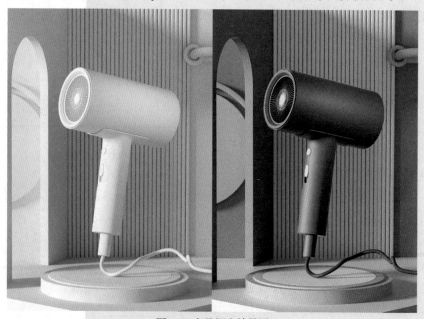

图1-2　产品概念效果图

3. 详细设计

产品设计不仅是纸面上新颖而美观的样式设计，更重要的是通过先进而合理的工艺手段，使它成为有实用功能的具体产品。详细设计包括产品外观的结构、材质和工艺等，此阶段工业设计师需要和工程师合作，以保证设计意图最大限度地体现在产品中。工业产品的造型结构、材料及工艺设计必须在满足其功能的前提下，达到经济、实用的目的。一般的产品设计者往往只注意性能、结构、造型的统一，而不知不觉地对操作者、消费者造成了一些危害，即不能完全符合人机工程学的要求，会成为危险设计，所以需要其他行业的工程师辅助进行设计。例如，材质的选择更加绿色环保，工艺的优化更加经济、投入减少，结构的设计更加使人舒适。该阶段常用的软件有CATIA、SolidWorks、ProE、UG和Creo等。这类软件都是全参数化的，有利于生产阶段的分析和加工制造，但这几种软件又有区别，CATIA主要用于汽车、飞机、船舶等重工业设计；SolidWorks可用于3D设计，功能不及CATIA强大；ProE、UG主要用于模具设计领域；Creo是整合了ProE的参数化技术、CoCreate的直接建模技术，以及ProductView的三维可视化技术的新型CAD(计算机辅助设计)软件包。

4. 工程分析

工程分析的作用，一是将分析与设计综合并相互配合，使产品性能达到最优。在设计时，可以使用幅值概率密度函数分析、方差分析、相关分析及谱分析等方法求取设计参数，运用系统工程进行方案设计，以便从整体认识设计对象，将一个产品看成由各种零部件组成的一个系统，并从系统的整体来检查其性能使之达到最优，从而实现方案的优化。二是可大大提高设计的精度和可靠性，在CAID系统中引入了大量近代的分析和计算方法，如有限元法、有限差分法、边界元法、数值积分法等，可对机械零件乃至整机进行结构应力场、应变场、温度场，以及流体内部的压力、流量场的分析与计算，从而大大提高设计计算精度；此外，对机械的研究已从静态分析逐步发展到动态分析，并从系统的观点出发研究整机及零部件的可靠性，运用概率统计方法来分析零部件是否失效，从而实现对机械故障的诊断和寿命的预测。三是具有强有力的图形处理和数据处理功能，图形和数据是CAD作业过程中信息存在与交流的主要形式，是图形处理系统和数据库CAD系统顺利运行的基础。进行CAD作业时，图形处理系统可根据设计者的设想和要求产生设计模型，并可从不同角度，按三视图、剖面图或透视图在显示器中显示出来，让设计者确认或即时修改，直到效果满意为止。工业设计中的工程分析包括对产品可靠性和可用性的分析、产品结构强度分析、运动干涉分析、人机工程分析等。该阶段常用的软件有ANSYS和ABAQUS等，人机工程方面常用的软件有AnyBody Modeling System。图1-3为使用ANSYS做的水轮机电磁场分析；图1-4为使用AnyBody的自行车骑行人机分析。

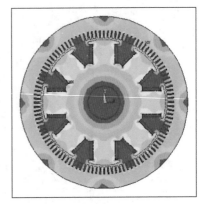

图1-3 水轮机电磁场分析

图1-4 自行车骑行人机分析

1.2 计算机辅助设计软件的发展过程

20世纪60年代出现的三维CAD系统只是极为简单的线框式系统。这种初期的线框造型系统只能通过圆、圆弧、直线等表达基本的几何信息，由于缺乏形体的表面信息，CAM(计算机辅助制造)及CAE(计算机辅助工程)均无法实现。

进入20世纪70年代，正值飞机和汽车工业的蓬勃发展时期，这期间飞机及汽车制造中遇到了大量的自由曲面问题，当时只能采用多截面视图、特征纬线的方式来近似表达所设计的自由曲面。由于三视图方法表达的不完整性，经常发生设计完成后制作出来的样品与设计者想象的有很大差异甚至完全不同的情况。此时法国人提出了贝塞尔算法，使人们在用计算机处理曲线及曲面问题时变得可以操作，同时也使法国的达索飞机制造公司的开发者能在二维绘图系统CADAM的基础上，开发出以表面模型为特点的自由曲面建模方法，推出了三维曲面造型系统CATIA。它的出现，标志着计算机辅助设计技术从单纯模仿工程图纸的三视图模式中解放出来，首次实现用计算机完整描述产品零件的主要信息，同时使CAM技术的开发有了现实的基础。曲面造型系统CATIA为人类带来了第一次CAD技术革命，改变了以往只能借助油泥模型来近似表达曲面的落后的工作方式。

有了曲面模型，CAM的问题就基本解决了。但由于曲面模型技术只能表达形体的表面信息，难以准确表达零件的其他特性，如质量、重心、惯性矩等。基于对CAD/CAE一体化技术发展的探索，SDRC公司于1979年发布了一款完全基于实体造型技术的大型CAD/CAE软件IDEAS。由于实体造型技术能够精确表达零件的全部属性，在理论上有助于统一CAD/CAE/CAM的模型表达，给设计带来了很多方便。可以说，实体造型技术的普及应用标志着CAD发展史上的第二次技术突破。参数化实体造型方法是一种比无约束自由造型更好的算法。它主要的特点是：基于特征、全尺寸约束、全数据相关、尺寸驱动设计修改，其代表是美国参数技术(Parametric Technology Corporation, PTC)公司的ProE，参数化技术的成功应用，使它几乎成为CAD业界的标准。

1.3 工业设计常用软件分类

随着CAD软件的发展和进步，工业设计师的工作平台得到了不断改善，对于设计人员来说，熟练掌握几个软件工具，并能协同使用，就能够大大提高设计的效率和质量。在工业设计中需要掌握的软件包括不同类型，一些软件是要了解的，需要的时候能快速上手；一些软件是要熟练掌握的，平时经常使用；一些软件是要精通的，有特色且用于工作中解决重要的问题；目前比较常用的计算机辅助设计软件有如下几类。

1. 位图图像软件

位图图像代表软件：Adobe Photoshop、Corel Painter等。

位图，又称点阵图或像素图，计算机屏幕上的图是由屏幕上的发光点(即像素)构成的，每个点用二进制数据来描述其颜色与亮度等信息，这些点是离散的，类似于点阵。多个像素的色彩组合就形成了图像，称为位图。位图被放大到一定限度时，会看到它是由一个个小方格组成的，这些小方格被称为像素。一个像素是图像中最小的元素。在处理位图图像时，编辑的是像素而不是对象或形状。图像的大小和质量取决于像素数量的多少，单位面积中所含像素越多，图像越清晰，颜色之间的混合也越平滑。计算机存储位图图像实际上是存储图像中各个像素的位置和颜色数据等信息，所以图像越清晰，像素越多，相应的文件也就越大。

2. 矢量图形软件

矢量图形代表软件：CorelDRAW、Adobe Illustrator等。

矢量图，又称面向对象的图形或绘图图形，在数学上定义为一系列由线连接的点。矢量文件中的图形元素称为对象。每个对象都是自成一体的实体，它具有颜色、形状、轮廓、大小和屏幕位置等属性。其特点有：文件小，图形中保存的是线条和图块的信息，矢量图形文件与分辨率和图像大小无关，只与图形的复杂程度有关，因此，图形文件所占的存储空间较小；对图形进行缩放、旋转或变形操作时，图形不会产生锯齿现象；可进行高分辨率印刷，矢量图形文件可以在打印机或其他输出设备上以打印或印刷的最高分辨率进行输出；矢量图与位图的效果有很大区别，矢量图可被无限放大而不模糊，一部分位图是由矢量图导出的，可以说矢量图就是位图的源码，源码是可以编辑的；矢量图形的缺点是难以表现色彩层次丰富的逼真效果。

3. 三维造型设计软件

三维造型设计代表软件：Rhinoceros、Alias、3ds Max、Maya等。

不同行业需要使用不同的软件，各种三维软件均有所长，可根据工作需要选择。这些软件都提供了多样化的三维建模手段，曲面造型能力很强。在造型建模方面，建议用有NURBS(非均匀有理B样条)建模的软件，如Rhinoceros、Alias等。Maya中有NURBS建模，但它常用于制作视觉效果，精度不够。3ds Max中也有NURBS建模，但远不如Rhinoceros强大，运行效率不高。其中，Rhinoceros、Alias更加侧重于产品设计，从概念设计阶段的草图支持到曲面建模，都有非常好的适应性，具备较好的参数和数据转换能力，能很好地匹配下游的渲染软件和工程软件。

4. 三维渲染软件

三维渲染代表软件：3ds Max标准渲染器及其渲染插件、KeyShot和Cinema 4D等。

在现实生活中，像建筑物、设备、设施等人们眼睛所能看到的物体，都具有几何形状、色彩、材质等基本物理属性，这些属性又与光线有着直接的关系，没有光照，人们就看不到客观事物的真实展示。使用计算机制作的各种动画、虚拟环境、装饰效果图等，都是通过赋予材质色彩、光照后进行渲染计算所获得的效果。一般情况下，一两次的渲染是难以看出效果或难以满足整体效果的，需要多次修改灯光的布置、强度、色温等参数，同时要调整物体表面的材质才能最终得到满意的效果。

渲染软件既有3D模型设计软件自带的渲染器(插件)，也有独立的软件。3D模型设计软件自带的渲染器一般用于简单、材质单一模型的渲染，虽然前面说过3ds Max建模不如Rhinoceros方便，但其所带的Vray渲染器功能却特别强大，其材质、灯光、渲染设置是我们需要学习的。Vray中的Lightscap是用光能传递的，对于灯光复杂的场景有用，它一般用于制作建筑室内效果图，但若是渲染产品效果图就用不了这么多灯光，即使不打灯光，其HDR贴图也可模拟出很真实的环境光。独立的渲染软件通常用于模型复杂、材质丰富、场景宏大的模型渲染中，如KeyShot和Cinema 4D等常被用于产品模型的外观渲染，通过灯光、材质、贴图、场景等参数的设置模拟现实环境，为产品方案制作逼真的效果图。

5. 工程设计软件

工程设计代表软件：Inventor、SolidWorks、SolidEdge、UG、CATIA、IDEAS、Creo等。

这类软件一般集合了多个工程设计模块，各个模块基于统一的数据平台，具有全相关性，便于数据分析，都具有计算机辅助设计和计算机辅助制造功能，有的还有计算机辅助工程功能，可以做有限元分析计算，功能非常完备。对于工业设计而言，这类软件既有不错的造型能力，又有严格的参数化约束，更适合与结构工程师交流和后期加工制造。因此，不少设计机构都要求工业设计师使用该类软件进行设计建模。与三维造型设计软件相比，该类软件造型效率比较低，在造型风格探讨和推敲阶段用三维造型设计软件比较有优势，在方案明确后需要进行详细设计的阶段，工程设计软件更加适合。比较特殊的软件AutoCAD主要用于二维制图，是经典也是基础的二维制图软件，也有一些设计师用AutoCAD进行三维立体设计。

工业设计专业和产品设计专业都是综合性的边缘交叉学科，从广义上来说，其包含各种使用现代化手段进行生产和服务的设计过程。因此，我们不应把产品设计简单理解为造型设计，因为机械设计、界面设计、人机工程、包装设计甚至视觉传达设计都与工业设计有着密切的联系。从工业设计角度看，设计不仅要从一定的需求、技术出发，而且要充分调动设计师的审美经验和艺术灵感，从产品与人的感觉和活动的协调中确定产品的功能结构与形式的统一，也就是说，产品设计必须把满足物质功能需要的实用性与满足精神需要的审美性完美地结合起来，并考虑社会效益，这就构成了该学科科学与艺术相结合的双重特征。设计者只有具备整体眼光和全局能力，才能真正成为优秀的设计师。

所以说，设计者在使用软件进行设计时，应该掌握多种类型的软件，建议平面类设计软件、三维造型设计软件和工程设计软件各掌握一款，这三款软件必须精通，其他的可根据自己的实际工作和爱好进行学习。

第2章

产品形态表现原理

主要内容：对产品造型的表现要素和形态的视觉原理进行深入分析，并对产品形态的美学规律进行讲解。

教学目标：通过对本章内容的学习，使读者掌握产品形态的体量感、质感和材质的表达，理解形态表现的美学规律。

学习要点：学习产品形态的表现要素，掌握形态表现的美学规律。

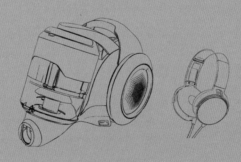

Product Design

如果说产品是功能的表现载体，那么形态就是产品与功能的媒介。没有形态的作用，产品的功能就无法实现。产品形态包括两个层面的意思，即"形"和"态"。"形"是指产品本身的物理状态和所处环境光线对其的影响。"态"是指形状特征在人的大脑与内心的反映，这种反映受社会、文化和审美经验等因素的影响。因此，产品形态的表现具有客观性和主观性，是客观性和主观性的整体融合。产品形态表现既是对形态的色彩、肌理及材料对光的反射和折射的分析，也是对视觉规律和审美原则等的研究。产品形态的创造始终是工业设计的重心，具有传递产品信息的义务，包括构成元素、意指内容，甚至是工作原理、构造等技术浮现在外的表象元素。

2.1 产品造型的表现要素

首先，产品造型表现要体现产品的立体感，现实生活中的物体只有在光照下才会呈现立体感和材质感。因此，产品造型的表现主要是对光影的研究，需要掌握其在空间中的"三大面，五调子"。其中，"三大面"是指：受光面、背光面和侧光面。"五调子"是指：亮面、灰面、明暗交界线、反光和投影。掌握好光影的这些要素，产品造型的立体感就会在二维平面上建立起来。其次，是产品材质的表现，包括色彩、肌理、反射和折射。综合这些要素，一个出色的产品效果图就会跃然纸上。

人们通常会用体量感和质感来评价产品造型的表现效果。

2.1.1 产品形态的体量感

所谓体量感，就是物体受光照后产生明暗效果而呈现的实体感觉，包括物体的体积感和量感。物体的体积感指的是在平面上所表现的造型给人一种占有三维空间的立体感觉。在产品形态表现上，任何可视物体都是由物体本身的结构所决定的，且是由不同方向的块面所组成的，在形态表现上把握物体的结构特征和分析各块面的关系，是达到体积感的重要步骤。物体的量感指的是借助明暗、色彩、线条等造型因素，表现出物体的轻重、厚薄、大小、多少等感觉。

2.1.2 产品形态的质感

材料质感与产品设计密切相关，设计材料以其自身的固有特性和质感特征给我们传达的不同信息和判断，直接影响到产品设计的成败。不同质感的材料给人以不同的触感、联想、心理感受和审美情趣，只有正确地运用产品材料质感传达功能，才能准确地设计产品，使产品更好地服务大众的生活。从传统的石材、陶瓷、金属、玻璃到现代纳米、光纤及能导电、会记忆的塑料等美的感性质料，构成了一代代好用又好看的产品。从儿童玩具到日用电器，从精密仪器到服装箱包，我们的生活被牢牢地拴在了材料串起的长链上。产品材料质感传达出的内容不仅包括色彩、图形、造型等，还包括消费者在产品使用过程中对材料肌理、质地、加工工艺产生的不同心理体验，是综合多样的要素，成为传递情感的媒介和寄托情感的载体，引导消费者正确地识别商品，购买商品，从而体验产品材料给我们带来的便利。只有正确地运用产品材料质感的传达功能，才能准确地设计产品，使产品更好地服务大众的生活。

质感，也称材质感，是指视觉对物体材料特质的感知，是表面各可视属性的结合，这些可视属性是指表面的色彩、纹理、光滑度、透明度、反射率、折射率、发光度等。正是有了这些属性，才能让我们更好地识别三维空间中的产品。在表现上，物体不同的表层材质对光的吸收与反射不同，从而形成不同的明暗现象。透过其明暗现象找准其本质的明暗特征规律，就能表现出材质感。

如图2-1所示，首先确定水龙头的三大面：受光面、背光面和侧光面，由于是高反光的金属材质，材质环境反射对其特征影响最大，通过加入规则的反射光影，突显金属特征。玻璃材质的表现取决于折射和反射，如图2-2所示的高脚杯通过加入杯底部折射的光影和杯身反射的高光，其玻璃材质特征明确。

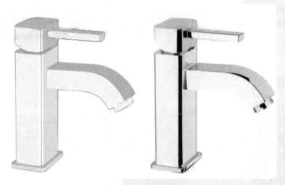

图2-1 金属材质

图2-2 玻璃材质

产品的外表已经不仅是产品形式与材料的衔接那么简单，由于材料本身呈现出的纯美属性，产品形态的表皮也成为一种视、触觉新空间。不同质感的材料给人以不同的触感、联想、心理感受和审美情趣，材料表面不同的色彩、光泽、肌理和材料的质地等，会使人产生光滑与粗糙、粗犷与精细、透明与不透明、坚硬与柔软、冷与暖、轻与重、粗俗与典雅等生理感受。一般来说，肌理与质感含义相近，肌理是指物体表面的组织纹理结构，即各种纵横交错、高低不平、粗糙平滑的纹理变化，对设计的形式因素来说，当肌理与质感相关联时，一方面是作为材料的表现形式而被人们所感受，另一方面则体现在通过先进的工艺手法创造新的肌理形态，具有更加丰富的表现力。如图2-3所示，同样是金属，由于肌理不同，它的质感也大不相同。同时，质感与肌理还具备生命与无生命、新颖与古老、轻快与笨重、鲜活与老化、冷硬与松软等不同的心理效果和信息符号反映。例如，不锈钢材料的表面经过抛光，呈现出平滑、光洁如镜的质感，色彩感觉是一种冷金属色，素雅的色调偏向冷色，表现为一种理性的秩序感。同时，素雅的色彩可以满足宁静、朴素和庄重的视觉心理需

图2-3 肌理的质感

要。而塑料是以合成树脂为主要成分、在适当的温度和压力下可以塑造成一定的形状且在常温下可以保持形状不变的一种材料，它的易染色、透光性的特征给予设计者自由想象的空间。

2.1.3 产品形态中常见的材质特征

产品设计师在进行外观设计时，应该综合考虑如何选择产品的设计材料及其加工工艺、成型技术、视觉表现形式，能否满足产品用于各种环境中的功能要求，能否实现设计目的等。依托科技的发展，材料的特性和材料的加工方式也越来越多，产品设计师需要掌握各种不同材质的特性及加工方式。下面就材料的质感举例说明。

1. 透明材质

产品设计师在进行外观设计时，应该综合考虑如何选择产品的设计材料及其加工工艺、成型技术、视觉表现形式，能否满足产品用于各种环境中的功能要求，能否实现设计目的等。使材质既会产生丰富的折射，又会产生强硬的反射，光影效果非常丰富，从而使产品的视觉效果更加突出。

图2-4　透明材质在产品中的应用

2. 亚光材质

亚光材质以塑料、木材、橡胶和纺织物等材料为代表。如图2-5所示，由于没有反射和折射效果，受环境影响相对较弱，明暗变化柔和，在产品形态中，该类材质能够拉近产品和消费者之间的距离，具有亲和力。

图2-5　亚光材质在产品中的应用

3. 反光材质

反光材质以金属和陶瓷等材料为代表，它们对环境有一定的反射能力，具有强硬的反光。图2-6为反光材质在产品中的应用。

图2-6　反光材质在产品中的应用

2.2　形态的视觉原理

　　视觉是由于光波作用于人类感觉器官而产生的，能对人类视觉产生适宜刺激的光波波长为380～780nm，这类光波被称为可见光。在可见光范围内，视觉可分为视感觉和视知觉，视感觉是认知主体对视觉对象片段的、离散的和现象的映照，在视感觉这一层面上认知主体只是对刺激物形成了感性认识，不涉及更深层次的视觉信息处理。相对而言，视知觉是认知主体对视觉对象整体的、综合的和带有本质意义的把握，是从眼睛受到视觉刺激后，一路传导到大脑的接收和辨识过程。视觉对象刺激大脑发动思维之前，在传到大脑的过程中，视觉通过本身的思维能力对刺激进行了一定程度的处理，其基本的处理方式便是对进入视觉认知的刺激进行简化。从以上分析可知，视感觉产生于瞬间，而视知觉是一个过程，在这一过程中包含视觉接收和视觉认知两大部分。

　　基于格式塔心理学的总结，人们总是先看到整体，然后去关注局部；人们对事物的整体感受不等于局部感受相加；视觉系统总是在不断地试图在感官上将图形闭合。人们的这些视觉认知规律在产品形态表现上是非常有用的。

　　最佳视域：由于人们习惯将视线从左到右、从上到下移动，因此，视区中的不同位置注目程度不同。一个画面的不同部分对观看者的吸引力也有所不同，其吸引力大小依次为左上部、右上部、左下部、右下部，所以一个视觉平面的左上部被称为最佳视域。此外，造型构图在画面的不同位置给人的心理感受也不同，相对而言，上部有轻快、上升、积极、愉悦之感，下部有沉稳、压抑、厚重之感。

　　色彩的空间扩散：一个光点若要能使人看到，需要在视网膜上有一定数量的刺激点，称为空间的积累。如图2-7所示，在黑色背景上的白色方块看上去要比白色背景上同样大小的黑色方块稍大些，这是白色方块引起的视网膜兴奋在一定程度上溢出周围网膜区域的结果，这种空间上扩大的感觉称为扩散现象。通常暖色调和明度高的色彩视觉扩散现象强，而冷色调和明度低的色彩视觉扩散现象弱。

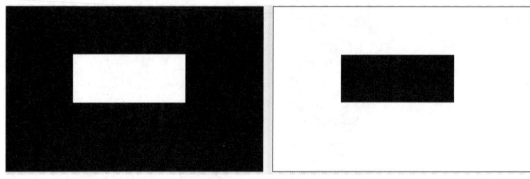

图2-7　色彩的空间累积

　　色彩的同时对比：当两种或两种以上的颜色同时放在一起，双方都会把对方推向自己的补色，如黑和白放在一起，黑的更黑，白的更白。如图2-8所示，同一个灰色圆环，在暗的背景下显得亮，而在亮的背景下则显得暗。

　　视觉的整体性：视觉对象是由许多部分组成的，各部分都有不同的特征，但人们总是将它看作统一的整体，原因是事物都是由各种属性和部分组成的复合刺激物，当这种复合刺激物作用于人们的感觉器官时，就在大脑皮层上形成暂时的神经联系，以后只要有部分或个别属性发生作用时，大脑皮层上的暂时神经系统马上就兴奋起来，产生一个完整的映象。如图2-9所示，虽然只有三角形的部分特征，但我们视知觉里会产生一个完整的白色三角形。

　　视觉的选择性：客观事物是多种多样的，在一定时间内，人们总是选择少数事物作为视知觉对象，把它和背景区别开来，从而对它们做出清晰反应，这种特性称之为视觉的选择性。如图2-10所示，选择不同的视知觉对象，人们看到的画面内容是不同的。

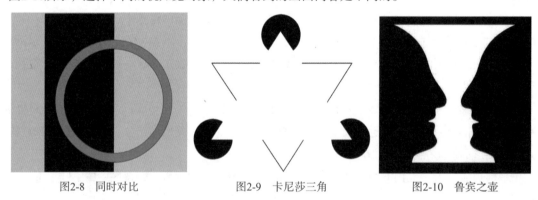

图2-8　同时对比　　　　　图2-9　卡尼莎三角　　　　　图2-10　鲁宾之壶

2.3　产品形态表现的美学规律

2.3.1　统一与变化

　　统一是指同一个要素或者形态特征在同一产品中多次出现，具有一致、安静和宁静之感，产品统一主要体现在以下几个方面：产品功能形态的统一；产品比例尺度的统一；产品线性风格的统一；产品色彩效果的统一；产品质感的统一。

变化是指在同一物体中，产品的形态要素之间存在着差异性，或在同一物体中，相同要素以一种变异的方式使之产生设计上的差异感，使形体要素避免单调、沉闷，具有动感、生动活泼的吸引力。变化的方法主要有两种：加强对比和强调重点部位。

统一与变化又称多样统一，是形式美的基本规律。任何物体形态总是由点、线、面、三维虚实空间、颜色和质感等元素有机地组合而成为一个整体。变化是寻找各部分之间的差异、区别，统一是寻求它们之间的内在联系、共同点或共有特征。产品没有变化，则单调乏味，缺少生命力；没有统一，则会显得杂乱无章、缺乏和谐与秩序。变化与统一是产品设计形式美的总则。产品设计中变化与突出产品某个局部的特殊个性，设计各个局部形式在整体中的共同性和协调关系，体现出整体形式的统一性和秩序性。若只有变化没有统一，就会杂乱，缺乏整体感，所以，产品整体形式必须统一，以增强形体和谐感，一切物象、美感在调和中得到统一。

强调形态间的整体性，使各种不同的要素能处在相互联系的统一体中。产品形态应该在整体上表现为主从统一的关系，并由此派生出整体与局部的变化关系，形态的美感是从统一变化的整体效果中感受到的，如产品造型的整体风格和局部细节、色彩的主色调和辅助色调、造型线条的主线和非主线等。

2.3.2　对称与均衡

对称与均衡是不同类型的稳定形式，保持物体外观量感均衡，达到视觉上的稳定。

对称是指轴线两侧图形的比例、尺寸、高低、宽窄、体量、色彩、结构完全呈镜像，给人以稳定、沉静、端庄、大方的感觉，产生秩序、理性、高贵、静穆之美。对称体现力学原则，以同量但不同形的组合方式形成稳定而平衡的状态。对称的形态在视觉上有安定、自然、均匀、协调、整齐、典雅、庄重、完美的朴素美感，符合人们平常的视觉习惯。在现代各类产品中，对称的形态非常多，可以说是最常见的视觉表达形式之一。对称可以分成左右对称、中心对称和逆对称等，对称的图形具有单纯、简洁的美感，以及静态的安定感。

均衡是指在特定空间范围内，形态各要素之间保持视觉上的平衡关系，如两侧色块、形状、形体在视觉判断上分量或体量大致相当对应，而不必等同，也不必产生叠合在一起的感觉。因此，对称可以说是严格的均衡，也是简单的平衡；均衡则是比较自由的对称。

2.3.3　对比与调和

对比是指差异明显强烈的视觉造型因素，甚至会产生互相处于对立关系的视觉造型元素放置在一起的美学效果。对比美具有强烈、醒目的特征，容易成为视觉的中心点，起到活跃形态的作用。对比的内容极其丰富，如材料的色彩、质地、曲直、刚柔、宽窄、锐钝、虚实等。

调和是指有差异而又相互接近的色彩、线条、形状、形体同时并列或逐渐变化形成的关联和统一。通常来讲对比强调差异，而调和强调统一。

2.3.4 节奏与韵律

节奏与韵律是来自音乐的概念。节奏是按照一定的条理秩序，重复连续地排列，而形成的一种律动形式。节奏在视觉艺术中是通过线条、色彩、形体、方向等因素有规律地运动变化而引起的人的心理感受。它有等距离的连续，也有渐变、大小、明暗、长短、形状、高低等的排列，富有机械美和静态美。

韵律则是要素有规律变化，产生高低、起伏、进退和间隔的抑扬律动关系，富有动态美。

相对来说，节奏是单调的重复，韵律是富于变化的节奏，是节奏中注入个性化的变异形成的丰富而有趣的反复与交替，能够增强版面的感染力，开阔艺术的表现力。常见的韵律形式包括造型元素的渐变、重复、交替、起伏、旋转等。

造型的节奏与韵律的设计主要有以下三方面的内容。

(1) 重复节奏与韵律。造型的要素做有规律的间隔重复，体现重复的节奏韵律美。

(2) 渐变节奏与韵律。造型设计呈现出具有数学计算的、渐次的、规律性变化的节奏韵律形式美。

(3) 发射式节奏与韵律。造型设计围绕一个中心点展开，使造型设计具有丰富的光芒之感，有时甚至是一种炫目的视觉感受。

2.3.5 比例与尺度

比例是对象各部分之间，各部分与整体之间的大小关系，以及各部分与细部之间的比较关系。比例是物与物的相比，表明各种相对面间的相对度量关系。在美学中，最经典的比例分配莫过于"黄金分割"了，希腊雅典女神庙、巴黎圣母院、埃菲尔铁塔等知名建筑，都是以黄金分割比例为标准设计的。

尺度是对象的整体或局部与人的生理或某种特定标准之间的大小关系，是物与人(或其他易识别的不变要素)之间相比，不需涉及具体尺寸，完全凭感觉上的印象来把握。

比例是理性的、具体的，尺度是感性的、抽象的。物体与人相适应的程度，是在长期的实践经验积累的基础上形成的。有尺度感的事物，具有使用合理、与人的生理感觉和谐、与使用环境协调的特点。在工业产品中，比例与尺度是指产品形态主体与局部之间的关系，一切造型艺术都存在比例是否和谐的问题。和谐的比例与尺度可以引起人们对产品的美好感受，使总的组合有明显、理想的艺术表现力。任何一件功能与形式完美的产品都有适当的比例与尺度关系，比例与尺度关系既反映结构功能，又符合人的视觉习惯，在一定程度上体现出均衡、稳定、和谐的美学关系。

第3章

Photoshop辅助设计
基础知识

主要内容： 讲解Photoshop软件的操作界面，方便读者更快地熟悉和操作，并结合案例对Photoshop常用工具等进行实际操作。

教学目标： 通过对本章内容的学习，使读者了解Photoshop后期处理相关知识，尽快掌握Photoshop软件的界面布局内容，并熟练使用相关工具。

学习要点： 了解Photoshop操作界面的相关内容，掌握Photoshop软件的基本命令。

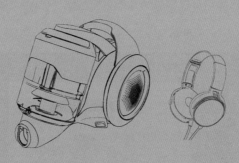

Product Design

在移动互联网时代，设计形式也悄然发生了巨大的变化。正所谓"工欲善其事，必先利其器"。使用计算机软件的重要性在于能够提升设计的效率和效果，熟练地运用软件不仅可以为设计表现增色，还可以作为自己的一技之长，成为谋求职业发展过程中的加分项。

Photoshop软件可以说是设计行业中最重要的软件之一，它主要用于处理以像素构成的位图图像。使用其中的编辑与绘图工具，可以高效地完成图片编辑工作。Photoshop被广泛应用于平面设计领域，在产品设计领域同样很重要，主要应用于产品绘制表现、产品效果图后期精修、产品设计排版、广告宣传等方面，在实现完整的产品设计与效果表现流程中不可或缺。

本章通过功能介绍和案例操作的方式，使设计者掌握绘制产品效果图的基本工具和技巧。Photoshop的工作界面，如图3-1所示。

图3-1　Photoshop的工作界面

3.1　Photoshop工作界面详解

Photoshop工作界面可以划分为几个主要区域，如图3-2所示。

图3-2　Photoshop主要工作区域

3.1.1　图像编辑窗口

图像编辑窗口是Photoshop的主要工作区域，是显示图像和进行操作的区域。在图像编辑窗口的左上角显示打开文件的基本信息，包括文件名、缩放比例和颜色模式等。若打开多个图像文件，可以单击上方窗口进行切换，也可以按快捷键Ctrl+Tab进行切换。若认为图像编辑窗口过小，可按Tab键隐藏其他面板，将图像编辑窗口扩大，也可再次按该快捷键退出该模式。图像编辑窗口如图3-3所示。

图3-3　图像编辑窗口

当需要精细处坤局部图像时，可使用快捷键Ctrl++放大显示图像；若需要整体处理图像时，可使用快捷键Ctrl+-缩小显示图像；同时，快捷键Ctrl+0可以使图像显示适应窗口至合适的大小。当将图像放大至超过图像编辑窗口大小而只能显示其局部画面时，可使用"抓手工具"或H键或按住空格键，然后单击图像，移动图像可以显示不同区域。

3.1.2　工具栏

使用工具栏中的工具，可以对图像进行编辑。工具右下角的小三角形表示这是一个工具组，将鼠标指针移动至小三角形上，长按鼠标左键或右击工具组，可以弹出下拉菜单，从中选择一种工具。如果鼠标指针长时间悬停在工具按钮上，会显示工具的名称和快捷键。工具栏详细信息，如图3-4所示。

对于快捷键的使用，设计者只要做到个人使用方便快捷，能够提高工作效率即可。

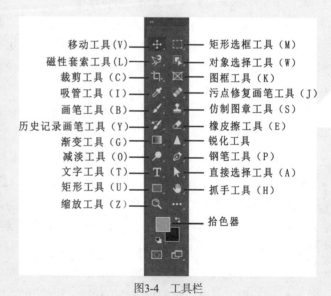

图3-4　工具栏

3.1.3　工具属性栏

工具属性栏主要用于调节工具的各项参数，以实现不同的效果，不同的工具需要调节不同的参数，以满足不同的需求。如图3-5所示的画笔工具属性栏，通过调节不透明度可改变画笔颜色的深浅和明暗。在使用喷笔功能时，可以通过调节流量改变涂抹的量度，在不改变不透明度的条件下，也可以通过调节流量实现对画笔的二级控制。

图3-5　画笔工具属性栏

3.1.4　菜单栏

菜单栏位于Photoshop工作界面的顶端，最左侧为Photoshop的标志，最右侧依次为最小化、恢复/最大化和关闭按钮。菜单栏中间的12个菜单分别为：文件、编辑、图像、图层、文字、选择、滤镜、3D、视图、增效工具、窗口和帮助。快捷键皆为Alt+"菜单名右侧括号内的字母"，如图3-6所示。

图3-6　菜单栏

- "文件"菜单：用于基本的新建、保存文件等操作。"脚本"和"批处理"命令可实现半智能化的图片处理。"文件"菜单中常用的命令有"新建""打开"和"保存"。在"新建文档"对话框中，根据需求设置宽度、高度和分辨率。"打开"命令可以打开PSD、JPEG等图像文件，或者直接将文件拖入Photoshop中快速打开。"保存"命令可以将当前文件保存在想要保存的文件夹下，同时可以设置多种保存格式，如PSD(Photoshop文件格式，可存储所有操作、图层)、JPEG(最常用的图片格式，存储时改变品质可改变文件大小)、PNG(可存储透明信息的图片格式，需要透明图片时可选用)。
- "编辑"菜单：用于基本的文件编辑操作。"编辑"菜单中常用的命令有"还原""重做""剪切""拷贝""粘贴""填充"和"描边"等。
- "图像"菜单：对图像和画布进行操作。"图像"菜单中常用的命令有"调整""图像大小""图像旋转"和"裁剪"等。"调整"命令可以对图片色调、饱和度、对比度等基本属性进行调节，基本功能收录在"调整"面板中。"图像大小"命令可以修改图片分辨率，但一般更方便的做法是，更改画布大小，再使用"移动工具"缩放。"裁剪"命令可以结合选择工具快速更改图像大小。"图像旋转"命令可以实现画布的旋转和翻转。

其他菜单的使用方法会在本书的案例中具体提到，这里仅做简单介绍。

- "图层"菜单：用于图层的操作，这些操作也能在"图层"面板中完成。
- "选择"菜单：用于选择等一些操作，配合蒙版、套索等选择工具使用更有效率。其中，"色彩范围"命令比较常用。
- "滤镜"菜单：用于添加图像的各类特效，后面将具体介绍。
- "视图"菜单：排版校正类的功能，建议开启"显示"中的"智能参考线"功能，有助于对齐参考线。
- "窗口"菜单：用于功能面板的管理，变换布局。

3.1.5　"图层"面板

面板是Photoshop软件中非常重要的一个组成部分，通过它可以进行选择颜色、编辑图层、新建通道、编辑路径和撤销编辑等操作。在Photoshop中使用面板时，执行"窗口"菜单中的相应命令，可以打开或关闭需要的面板。打开的面板都依附在工作界面右侧。单击面板右上方的"折叠为图标"按钮 ，可以将面板缩小为精美的图标；使用时单击"展开面板"按钮 ，即可重新打开面板。

通俗地讲，图层就像是含有文字或图像等元素的胶片，一张张按顺序叠放在一起，组合起来形成页面的最终效果。图层可以将页面上的元素精确定位。在图层中可以加入文本、图片、表格、插件，也可以在里面再嵌套图层。例如，在一张透明的玻璃纸上作画，透过上面的玻璃纸可以看见下面玻璃纸上的内容，无论在上一层上如何涂画都不会影响到下层的玻璃纸，上面一层会遮挡住下面的图像。最后将玻璃纸叠加起来，通过移动各层玻璃纸的相对位置或者添加更多的玻璃纸，即可改变最终的合成效果，这也是Photoshop的基本工作原理。当然，也可以通过合并图层等操作将几个图层上的元素重叠为一个新的图层。Photoshop的工作原理就是通过绘制不同的图层，对不同图层分别进行处理。将各个图层的效果叠加，得到最终的图像效果，对单一图层的操作不会对其他图层造成影响。在绘制效果图的过程中，可以将复杂的图像分解为简单的多层结构，分别进行处理，从而降低工作的难度。对图层进行隐藏、锁定、合并、复制等操作以简化绘制过程，并为图层添加一定的图层样式、改变混合模式等，也可以对图层进行分组、标记、锁定等操作，实现分层、分类管理，以便对图层进行有效甄别，大大提高绘图的效率，使图层之间的切换更加直接。"图层"面板，如图3-7所示。

图3-7 "图层"面板

3.1.6 图层样式

Photoshop提供了多种图层样式，执行菜单"图层"|"图层样式"|"混合选项"命令，弹出"图层样式"对话框；双击图层，也可以弹出"图层样式"对话框。下面主要介绍几种常用的图层样式，其他的样式使用方法相似，不再赘述。

1. 混合选项

"混合选项"用于控制图层及下面图层像素混合的方式，包含"常规混合""高级混合""混合颜色带"等，每个选项可设置对应的样式效果，如图3-8所示。

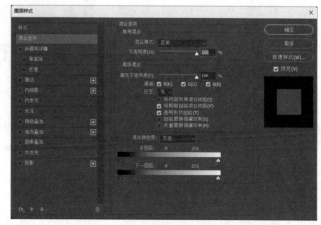

图3-8 混合选项

2. 斜面和浮雕

"斜面和浮雕"图层样式可以使
图层中的图像产生凸出和凹陷的效
果，如图3-9所示。

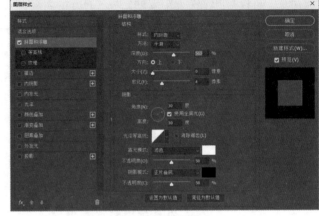

图3-9　斜面和浮雕

- 样式：包括"内斜面""外
斜面""浮雕效果""枕状浮
雕""描边浮雕"5个选项。
- 深度：用于控制斜面和浮雕
的深浅程度。
- 方向：选中"上"单选按
钮，表示高光区在上，阴影区在下；
选中"下"单选按钮，表示高光区在下，阴影区在上。
- 大小：用于设置斜面和浮雕中阴影面积的大小。
- 软化：用于设置斜面和浮雕的柔和程度，数值越高，越柔和。
- 角度：用于调节光源的照射角度，勾选"使用全局光"复选框，可以让所有浮雕样式
的光照角度保持一致。
- 高度：用于设置光源的高度。
- 高光模式：用于设置高光区域的混合模式。单击右侧的颜色区域可以设置高光区域的
颜色。"不透明度"可以设置高光区域的不透明度。
- 阴影模式：用于设置阴影区域的混合模式。单击右侧的颜色区域可以设置阴影区域的
颜色。"不透明度"可以设置阴影区域的不透明度。

3. 内阴影

"内阴影"图层样式可以在图层
中的图像边缘添加一层阴影，使图像
呈现凹陷效果，如图3-10所示。

内阴影通过"阻塞"选项来控
制，"阻塞"可以在模糊之前收缩
内阴影的边界，与"大小"选项相关
联，"大小"值越高，"阻塞"可设
置的范围也就越大。

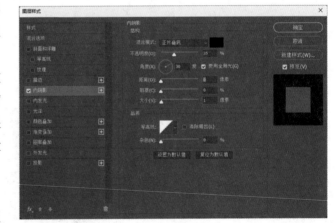

图3-10　内阴影

4. 外发光

"外发光"图层样式可以使图层
中的图像边缘向外产生发光的效果，
如图3-11所示。

- 混合模式：用于设置发光的混合模式。
- 不透明度：用于设置发光效果的不透明度，值越小，发光效果越弱。

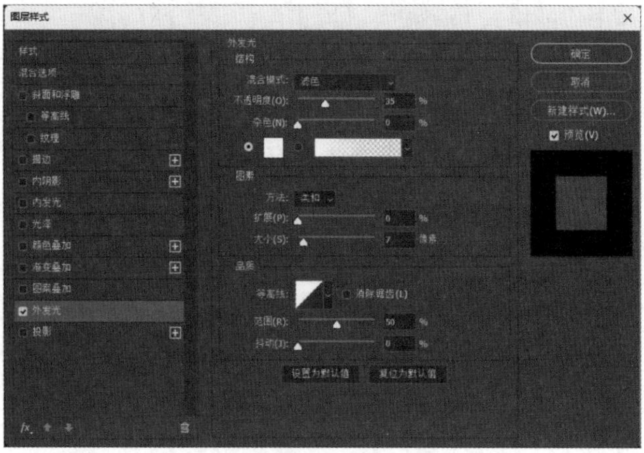

- 杂色：使光晕呈现颗粒感。
- 颜色：使用单一的颜色作为发光效果的颜色，单击其中的色块，在弹出的"拾色器"对话框中可以选择其他颜色。
- 渐变条：使用一个渐变颜色作为发光效果的颜色，单击渐变条，可选择其他渐变色作为发光颜色。
- 方法：用于设置对外发光效果，包括"柔和"和"精确"选项。

图3-11　外发光

- 扩展：用于设置发光范围的大小。
- 大小：用于设置光晕范围的大小。
- 范围：用于设置外发光效果的轮廓范围。
- 抖动：用于改变渐变的颜色和不透明度的范围。

5. 投影

"投影"图层样式可以将图层中的图像产生受光后的投影效果，以增加图像的层次感，如图3-12所示。

- 混合模式：用于设置投影图像与原图像之间的混合模式。
- 颜色：用于控制投影的颜色。
- 不透明度：用于设置投影的不透明度。
- 角度：用于设置光源角度，勾选"使用全局光"复选框，表示图像中的所有图层效果使用相同的光线照入角度。

图3-12　投影

- 距离：用于设置图层中图像内容与投影间的距离，值越大，距离越大。
- 扩展：用于设置投影的扩散程度，进行模糊处理前扩大图层蒙版，值越大，扩散越多。
- 大小：用于设置投影大小。
- 等高线：用于设置投影的轮廓形状。
- 杂色：用于向投影添加杂色。
- 图层挖空投影：用于消除投影边缘的锯齿，填充为透明时，使阴影变暗。

3.1.7　"通道"面板

在Photoshop中，通道用于存储图像的色彩信息或选区信息。通道作为图像的组成部分，与图像的格式紧密相关，通道层的像素颜色是由一组原色的亮度值组成的，不同的图像色彩和格式决定了通道的数量和模式，而"通道"面板就是用于创建和管理通道的控制面板。根据通道内容的不同，其命名也不同。通道大致可以分为Alpha通道、颜色通道、专色通道，如图3-13所示。

图3-13　"通道"面板

1. Alpha通道

Alpha通道可以理解为非彩色通道，主要用于保存所选择的区域。通常情况下，新通道都是保存选区信息的Alpha通道，是人为生成的，所以在输出时，Alpha通道由于和最终生成的图像无关而被删除。若需要存储选区，可以通过Alpha通道来保存，当建立选区后，执行菜单"选择"|"存储选区"命令，如图3-14所示；弹出"存储选区"对话框，如图3-15所示；此时在"通道"面板中会添加一个Alpha通道来保存选区，如图3-16所示。

图3-14　存储选区

图3-15　存储选区参数

图3-16　"通道"面板

2. 颜色通道

导入Photoshop中的图像会自动创建颜色通道，将图像分解成一个或多个色彩成分，编辑图像就是在编辑颜色通道。通道的数量由图像的颜色模式决定，RGB颜色模式有R、G、B三个颜色通道，CMYK颜色模式则有C、M、Y、K四个颜色通道。颜色通道可分为复合通道和单色通道，如图3-17所示。复合通道用于同时预览并编辑图像的综合颜色，在单独编辑完一个或多个颜色通道后，可返回到图片原本的默认颜色状态；单色通道用于保存图像中的各种单色信息。

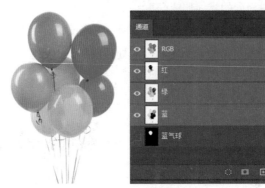

图3-17　颜色通道

3. 专色通道

专色通道是一种特殊的用于记录颜色信息的通道，可以使用除了青色、洋红、黄色、黑色以外的颜色绘制图像，多用于印刷领域，印刷中无法达到的特殊颜色就可以用专色通道进行处理，选择特殊的专色预混油墨，就会生成与之相对的专色通道，用于代替印刷品颜色的CMYK中的油墨色，以便更好地展现图片的效果。创建专色通道时，在"通道"面板菜单中选择"新建专色通道"命令，即可弹出"新建专色通道"对话框，如图3-18所示。除此之外，还可以创建一个新通道，新通道默认名称为"Alpha1"，在"通道"面板中双击"Alpha1"，弹出"通道选项"对话框，设置"色彩指示"为"专色"，可将Alpha通道转换为专色通道，如图3-19所示。

图3-18　新建专色通道

图3-19　通道选项

3.1.8　蒙版

蒙版用于将图像的某部分区域分离开，是为了保护选区不被编辑和操作，其最大的特点就是在不影响本身图层的情况下可以反复修改，也可以用于其他复杂的编辑工作。

Photoshop中的蒙版可以分为快速蒙版、图层蒙版、剪贴蒙版和矢量蒙版4种。

1. 快速蒙版

快速蒙版主要用于编辑选区，单击工具栏下方的"快速蒙版"按钮◉，即可创建快速蒙版。进入快速蒙版后，选中的区域会被红色遮盖，如图3-20所示；使用"画笔工具"在画面中涂抹可添加选区，再次单击"快速蒙版"按钮◉或按Q键，即可转换为选区，如图3-21所示。双击"快速蒙版"按钮◉，弹出"快速蒙版选项"对话框，可调整快速蒙版属性，如图3-22所示。

图3-20　快速蒙版

图3-21　建立选区

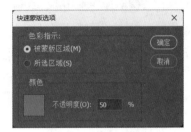

图3-22　快速蒙版选项

2. 图层蒙版

图层蒙版是在图层中添加一个蒙版，通过对图层蒙版的编辑控制图像中的区域，但不会改变原始的图层内容，不会破坏原图层的像素，如图3-23所示。

图层蒙版中只有黑、白、灰三类颜色，黑色区域表示隐藏图层内容，白色区域表示显示图层内容，灰色区域表示有一定透明度的图层内容。编辑图层蒙版时，可以选中图层蒙版缩略图，选择所需的颜色，然后使用绘画工具在画面中涂抹，作用于图像中，如图3-24所示。

图3-23　"图层"面板

图3-24　图层蒙版

● 编辑图层蒙版：选择所需要的图层蒙版，按住Shift键不放并单击"图层蒙版"按钮，此时"图层"面板会出现如图3-25所示的"×"符号，表示图层蒙版停用；再按住Shift键可以还原图层蒙版。

● 放大图层蒙版：按住Alt键不放并单击"图层蒙版"按钮，可使图层蒙版放大，界面中会出现图层蒙版中的图像，如图3-26所示。

图3-25　编辑图层蒙版

图3-26　放大图层模板

3. 剪贴蒙版

剪贴蒙版是通过使用处于下方图层的形状来限制上方图层的显示状态，达到一种剪贴画的效果，可以创建各种各样的剪贴形状效果，如图3-27所示。

图3-27　剪贴蒙版

4. 矢量蒙版

矢量蒙版一般是由钢笔工具或形状工具创建，通过编辑路径可编辑矢量蒙版。按住Ctrl键不放，单击"图层"面板底部的"添加图层蒙版"按钮，即可添加矢量蒙版。

3.1.9 "色板"面板

在"色板"面板中可以随时选择各类常用色作为前景色。将鼠标指针移至色块上,会显示吸管形状,单击任一色块即可将此颜色设置为前景色,也可以设置添加或删除其中的颜色。"色板"面板如图3-28所示。

设计者可以根据个人的色彩偏好自行设置,生成具有特色的色板,方便日常工作中取色。

3.1.10 "历史记录"面板

在使用Photoshop处理图像时,进行的每一步操作都会被记录在"历史记录"面板中,单击其中一步的操作记录,就会退到该操作时的状态,后续操作记录会被覆盖。系统默认的历史记录保存项为50步操作,可执行菜

图3-28 色板工作区域

单"编辑"|"首选项"|"性能"命令,在弹出的"首选项"对话框中进行设置,如图3-29所示。单击"历史记录"面板最上部的带文件名的一栏,可回到文档的初始状态。"历史记录"面板如图3-30所示。

图3-29 "首选项"对话框

图3-30 "历史记录"面板

3.2 Photoshop后期精修常用工具

本节主要介绍使用Photoshop软件的各种工具进行产品效果图后期精修的方法。

3.2.1 常用工具1:笔记本电脑

本案例主要讲解笔记本电脑图片的尺寸修正、瑕疵修除、色彩调整、材质质感增强、图标填充等操作,主要使用"裁剪工具""钢笔工具""污点修复画笔工具""画笔工具""多边形套索工具"等。

01 打开Photoshop软件，导入笔记本电脑素材，如图3-31所示。

图3-31　导入素材

02 在工具栏中选择"裁剪工具"，如图3-32所示；设置图片的比例为16：9，如图3-33所示；效果如图3-34所示。

图3-32　裁剪工具　　　图3-33　裁剪图片比例　　　　　　　图3-34　裁剪图像效果

03 在工具栏中选择"钢笔工具"，如图3-35所示；对笔记本电脑边缘进行框选，形成一个封闭图形，按快捷键Ctrl+Enter建立选区，如图3-36所示；再按快捷键Ctrl+J，复制选中的笔记本电脑图层，将其重新命名为"图层2"，如图3-37所示。

图3-35　钢笔工具　　　　　图3-36　建立选区　　　　　　图3-37　重命名图层

04 关闭"背景"图层，新建一个图层，命名为"图层1"，如图3-38所示；在工具栏中选择"画笔工具"，如图3-39所示；设置画笔颜色为白色，填充"图层1"为白色，将"图层2"移动至"图层"面板的最上方，如图3-40所示。

图3-38 "图层"面板   图3-39 画笔工具   图3-40 "图层"面板

05 在工具栏中选择"污点修复画笔工具"，如图3-41所示；按住Alt键不放，选择如图3-42所示的位置，对有瑕疵的区域进行涂抹，然后在工具栏中选择"修复画笔工具"进行瑕疵修复，效果如图3-43所示。

图3-41 污点修复画笔工具

图3-42 暗部瑕疵修复   图3-43 修复效果

06 执行菜单"图像"|"调整"|"曲线"命令，弹出"曲线"对话框，设置参数，如图3-44所示；执行菜单"图像"|"调整"|"色相/饱和度"命令，设置参数，如图3-45所示；效果如图3-46所示。

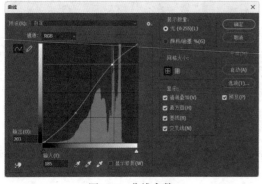

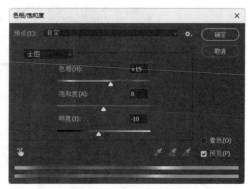

图3-44 曲线参数   图3-45 色相/饱和度参数

图3-46   调整效果

07 在工具栏中选择"模糊工具",如图3-47所示;设置参数如图3-48所示;选择"图层2",对图像中颜色不均匀的区域进行涂抹,效果如图3-49所示。

图3-47   模糊工具   图3-48   模糊工具参数

图3-49   模糊效果

08 在工具栏中选择"钢笔工具",如图3-50所示;绘制笔记本电脑的图标,按快捷键Ctrl+Enter建立选区,如图3-51所示;新建一个图层,命名为"图层4",如图3-52所示。

图3-50   钢笔工具   图3-51   建立选区   图3-52   "图层"面板

31

09 选择"画笔工具"，设置画笔颜色为深灰色，如图3-53所示；在选区内进行涂抹，效果如图3-54所示。

图3-53　拾色器

图3-54　颜色填充

10 在工具栏中选择"多边形套索工具"，如图3-55所示；按住Alt键不放，对图标的下半部分进行绘制减选，如图3-56所示。

图3-55　多边形套索工具

图3-56　选区形状

11 选择"画笔工具"，设置画笔颜色为浅灰色，如图3-57所示；画笔参数如图3-58所示；对选区内进行涂抹，效果如图3-59所示，按快捷键Ctrl+D取消选区。

图3-57　拾色器

图3-58　画笔参数

12 选择"图层2"，执行菜单"滤镜"|"杂色"|"添加杂色"命令，弹出"添加杂色"对话框，设置参数，如图3-60所示；最终效果如图3-61所示。

图3-59　颜色填充　　　　　　图3-60　添加杂色　　　　　　图3-61　最终效果

3.2.2　常用工具2：电动螺丝刀

本案例主要对电动螺丝刀进行材质加强、明暗对比调整操作，主要使用"减淡工具""加深工具""钢笔工具""吸管工具""画笔工具"和"历史记录画笔工具"等。

01 打开Photoshop软件，导入电动螺丝刀素材，如图3-62所示。

图3-62　导入素材

02 复制素材图层，将图层命名为"rgba拷贝"，如图3-63所示；在工具栏中选择"钢笔工具"，如图3-64所示；选择"工具模式"为"路径"，如图3-65所示；选择"rgba拷贝"图层，绘制后期要提亮部分的路径，如图3-66所示。

图3-63　"图层"面板　　　　　图3-64　钢笔工具　　　　　图3-65　钢笔工具模式

33

图3-66　路径形状

03 在工具栏中选择"减淡工具"，如图3-67所示；设置前景色为浅灰色，参数如图3-68
所示；对图3-69所示的区域进行减淡，参数如图3-70所示；按Enter键完成高光提亮，按快捷键
Ctrl+Enter取消路径并建立选区，效果如图3-71所示。

图3-67　减淡工具

图3-68　拾色器

图3-69　高光提亮

图3-71　提亮效果

图3-70　提亮参数

04 在工具栏中选择"加深工具"，如图3-72所示；设置前景色为深灰色，参数如图3-73
所示；对图3-74所示的区域进行
加深，参数如图3-75所示；按快
捷键Ctrl+Enter取消路径并建立选
区，效果如图3-76所示。

图3-72　加深工具

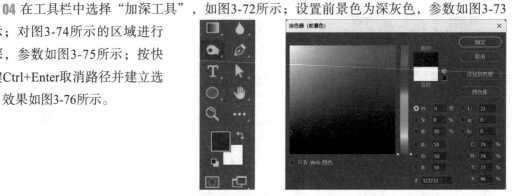

图3-73　拾色器

图3-74　暗部加深　　　　　　　　图3-75　加深参数　　　　　　　　图3-76　加深效果

05 选择"钢笔工具"，选择"rgba拷贝"图层，绘制图3-77所示的高光路径；选择"减淡工具"，按Enter键完成提亮，效果如图3-78所示。

图3-77　路径形状　　　　　　　　　　　　　图3-78　提亮效果

06 选择"减淡工具"，设置前景色为浅灰色，参数如图3-79所示；对图3-80所示的区域进行减淡处理，提亮图形，增加明暗对比，效果如图3-81所示。

图3-79　拾色器　　　　　　　　图3-80　区域提亮　　　　　　　图3-81　提亮效果

07 在工具栏中选择"魔棒工具"，如图3-82所示；选择色块区分图层中图3-83所示的区域，建立选区，选择"rgba拷贝"图层，按快捷键Ctrl+J复制图层，命名为"图层2"，如图3-84所示。

08 选择"钢笔工具"，按照上述方法，对图3-85所示的软胶部分提亮，周围压暗，效果如图3-86所示。

09 按住Ctrl键，选择"图层2"缩略图，如图3-87所示；建立选区，如图3-88所示；选择"画笔工具"，设置前景色为浅蓝色，参数如图3-89所示；效果如图3-90所示。

图3-82　魔棒工具

图3-83　建立选区

图3-84　"图层"面板

图3-85　路径形状

图3-86　提亮和压暗效果

图3-87　"图层"面板

图3-88　建立选区

图3-89　拾色器

图3-90　填充效果

10 选择"钢笔工具"，绘制需要提亮的高光路径，如图3-91所示；右击高光线，在弹出的快捷菜单中选择"描边路径"命令，如图3-92所示；在弹出的"描边路径"对话框中，设置参数，如图3-93所示。

图3-91　绘制路径　　　　　图3-92　描边路径　　　　　图3-93　描边路径参数

11 选择"画笔工具"，设置前景色为白色，如图3-94所示；在工具属性栏中单击"画笔压力"按钮，如图3-95所示；按Enter键完成高光操作，如图3-96所示；调节透明度，设置参数，如图3-97所示；将线与素材融合，效果如图3-98所示。

图3-94　拾色器　　　　　图3-95　画笔参数　　　　　图3-96　添加高光

图3-97　高光参数　　　　　　　　图3-98　高光效果

12 选择"减淡工具"，设置前景色为浅灰色，如图3-99所示；绘制如图3-100所示的高光区域，并进行提亮，高光效果如图3-101所示。

图3-99　拾色器

图3-100　高光区域

图3-101　高光效果

13 在工具栏中选择"魔棒工具"，如图3-102所示；选择色块区分图层中图3-103所示的区域，建立选区，选择"rgba拷贝"图层，按快捷键Ctrl+J复制一个图层，重命名为"图层6"，如图3-104所示。

图3-102　魔棒工具

图3-103　建立选区

图3-104　"图层"面板

14 选择"减淡工具"，设置前景色为浅灰色，参数如图3-105所示；设置"范围"为"中间调"，如图3-106所示；涂抹成如图3-107所示的效果，增加明暗对比。

图3-105　拾色器

图3-106　减淡参数

图3-107　减淡效果

15 选择"钢笔工具"，选择"图层6"，绘制需要高光的区域，按快捷键Ctrl+Enter建立选区，如图3-108所示；在工具栏中选择"画笔工具"，设置前景色为浅灰色，参数如图3-109所示；在选区内绘制高光，效果如图3-110所示；最终效果如图3-111所示。

图3-108　建立选区

图3-109 拾色器　　　　　　图3-110 高光效果　　　　　　图3-111 最终效果

3.2.3 常用工具3：平板电脑

本案例对平板电脑进行抠图、调整图层顺序等操作，主要涉及"移动工具""矩形选框工具""椭圆选框工具""多边形套索工具""快速选择工具""魔棒工具""自由变换工具"等。

01 打开Photoshop软件，新建一个横版A3文件，命名为"素材"，如图3-112所示；导入平板电脑素材，如图3-113所示。

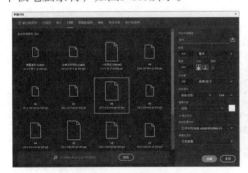

图3-112 新建文件　　　　　　　　　　图3-113 导入素材

02 再次新建一个横版A3文件，命名为"Apple Mac Pro"，如图3-114所示。

图3-114 新建文件

03 单击"素材"文件，选择"MAC POR机箱-Rending"图层，隐藏其他图层，如图3-115所示；选择工具栏中的"魔棒工具"，如图3-116所示；设置参数如图3-117所示。

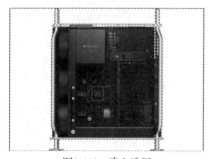

图3-115　"图层"面板　　图3-116　魔棒工具　　　　　图3-117　魔棒工具参数

04 选择工作区的白色区域，按住Shift键不放，加选所有白色区域，建立选区，如图3-118所示；按快捷键Shift+Ctrl+I进行反选，如图3-119所示；按快捷键Ctrl+J复制主体，重命名为"图层1"，如图3-120所示。

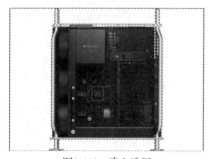

图3-118　建立选区　　　　　　　图3-119　反选选区　　　　　　图3-120　"图层"面板

05 将"素材"文件中的"图层1"图层移动至"Apple Mac Pro"文件中，移动前如图3-121所示；移动后如图3-122所示。

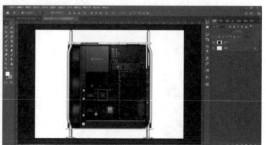

图3-121　移动图层前　　　　　　　　　　图3-122　移动图层后

06 选择"素材"文件，选择"MAC POR-01"图层，隐藏其他图层，如图3-123所示；选择工具栏中的"椭圆选框工具"，如图3-124所示；框选内部零件1的螺丝部分，建立选区，如图3-125所示；选择工具栏中的"矩形选框工具"，按住Shift键不放，加选内部零件1的其他部分，如图3-126所示。

图3-123　"图层"面板

图3-124　椭圆选框工具

图3-125　建立选区

图3-126　加选选区

07 按快捷键Ctrl+J复制图层，命名为"图层2"，如图3-127所示；将"图层2"移动至"Apple Mac Pro"文件中相对应的位置，如图3-128所示；效果如图3-129所示。

图3-127　"图层"面板　　　图3-128　移动部件1　　　图3-129　移动效果1

08 方法同上，将如图3-130所示的内部零件2复制到"Apple Mac Pro"文件中相对应的位置，如图3-131所示；复制后效果如图3-132所示。

图3-130　移动部件2

图3-131　移动部件3

图3-132　移动效果2

09 选择"素材"文件，选择"graphics_plates__er6c0xlswv42_large"图层，隐藏其他图层，如图3-133所示；选择工具栏中的"对象选择工具"，如图3-134所示；选中左侧盖片部分，建立选区，如图3-135所示。

图3-133　"图层"面板

图3-134　对象选择工具

图3-135　建立选区

10 选择"椭圆选框工具"，按住Alt键不放，框选螺丝部分，按快捷键Ctrl+J复制，效果如图3-136所示；复制图层并命名为"图层4"，如图3-137所示。

11 将"图层4"拖动至"Apple Mac Pro"文件中，按快捷键Ctrl+T调整盖片部分的大小和位置，移动至如图3-138所示的位置；效果如图3-139所示。

图3-136　复制效果

图3-137　"图层"面板

图3-138　移动部件4

图3-139　移动效果3

12 选择"素材"文件，选择"design_case_inside__b53rnabps882_large"图层，隐藏其他图层，如图3-140所示；选择"矩形选框工具"，框选如图3-141所示的盖片阴影部分；按快捷键Ctrl+J复制图层，命名为"图层5"，如图3-142所示。

图3-140　"图层"面板

图3-141　建立选区

图3-142　复制图层

13 按住Shift键不放，将"图层5"拖动至"Apple Mac Pro"文件中相对应的位置，如图3-143所示；效果如图3-144所示。

14 选择"素材"文件，选择"图层4"图层，隐藏其他图层，如图3-145所示；选择"魔棒工具"，框选如图3-146所示的盖片螺丝部分。

15 选择"graphics_plates__er6c0xlswv42_large"图层，按快捷键Ctrl+J复制图层，命名为"图层6"，如图3-147所示；"图层6"中的对象如图3-148所示；将"图层6"移动至"Apple Mac Pro"文件中，"图层"面板如图3-149所示。

图3-143　"图层"面板　　图3-144　移动效果4　　图3-145　"图层"面板　　图3-146　建立选区

图3-147　"图层"面板　　　　图3-148　"图层6"中的对象　　　　图3-149　"图层"面板

16 按快捷键Ctrl+T，调整螺丝部分的大小和位置，移动至如图3-150所示的位置；效果如图3-151所示。

图3-150　移动部件5　　　　　　　　　　图3-151　移动效果5

17 选择"Apple Mac Pro"文件中的"图层6"，如图3-152所示；选择"矩形选框工具"，对"图层6"中的一个螺丝进行框选，建立选区，如图3-153所示。

图3-152　"图层"面板

图3-153　建立选区

18 按快捷键Ctrl+J复制图层，命名为"图层6(1)"，如图3-154所示；按快捷键Ctrl+T，调整螺丝部分的大小和位置，效果如图3-155所示。

图3-154　"图层"面板

图3-155　移动效果6

19 方法同上，对"图层6"中其他的螺丝进行调整，然后删除"图层6"，如图3-156所示；效果如图3-157所示。

图3-156　"图层"面板

图3-157　移动效果7

20 单击"素材"文件，选择"design_case_inside__b53rnabps882_large"图层，隐藏其他图层，如图3-158所示；选择"矩形选框工具"，框选内部零件3，如图3-159所示。

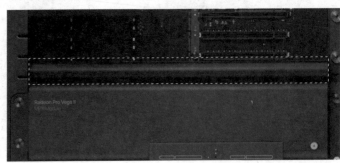

图3-158　"图层"面板

图3-159　建立选区

21 按快捷键Ctrl+J复制，命名为"图层7"，如图3-160所示；将"图层7"拖动至"Apple Mac Pro"文件中，如图3-161所示；按快捷键Ctrl+T，调整内部零件3的大小和位置，效果如图3-162所示。

图3-160　"图层"面板

图3-161　移动部件6

图3-162　移动效果8

22 单击"素材"文件，选择"design_case_inside__b53rnabps882_large"图层，如图3-163所示；选择"矩形选框工具"，对方形盖板进行框选，建立选区，如图3-164所示；选择"椭圆选框工具"，对螺丝部分进行减选，如图3-165所示。

图3-163　"图层"面板

图3-164　建立选区1

图3-165　建立选区2

23 按快捷键Ctrl+J复制，命名为"图层8"，如图3-166所示；将"图层8"拖动至"Apple Mac Pro"文件中，如图3-167所示；按快捷键Ctrl+T调整方形盖板的大小和位置，效果如图3-168所示。

图3-166 "图层"面板　　　　　图3-167 移动部件7　　　　　图3-168 移动效果9

24 单击"素材"文件，选择"design_case_inside__b53rnahps882_large"图层，如图3-169所示；选择"椭圆选框工具"，对方形盖板上的螺丝部分进行框选，建立选区，如图3-170所示。

图3-169 "图层"面板　　　　　　　　　　图3-170 建立选区

25 按快捷键Ctrl+J复制图层，命名为"图层9"，如图3-171所示；将"图层9"移动至"Apple Mac Pro"文件中，如图3-172所示；按快捷键Ctrl+T调整方形盖板的大小和位置，效果如图3-173所示。

图3-171 "图层"面板　　　　　图3-172 移动部件8　　　　　图3-173 移动效果10

26 单击"素材"文件，选择"MAC POR外壳-Clown"图层，如图3-174所示；选择"魔棒工具"，对背景进行选择，如图3-175所示。

27 选择"MAC POR外壳-Rendering"图层，如图3-176所示；按快捷键Shift+Ctrl+I对选区进行反选，如图3-177所示。

图3-174　"图层"面板

图3-175　建立选区

图3-176　"图层"面板

图3-177　建立选区

28 按快捷键Ctrl+J复制，命名为"图层10"，如图3-178所示；按住Shift键不放，将"图层10"移动至"Apple Mac Pro"文件中，最终效果如图3-179所示。

图3-178　"图层"面板

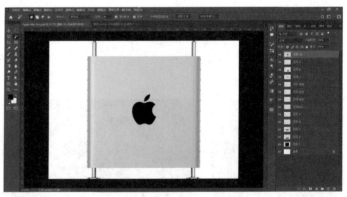

图3-179　最终效果

3.2.4　常用工具4：电子烟

本案例讲解电子烟的绘制、文字排版、图标绘制、材质质感加强等内容，主要涉及"渐变工具""矩形选框工具""矩形工具""椭圆工具"和"横排文字工具"等。

01 打开Photoshop软件，导入电子烟素材，新建"图层1"，填充白色，如图3-180所示。

图3-180　导入素材

02 按快捷键Ctrl+R显示标尺，将标尺参考线移动至如图3-181所示的位置，新建一个图层，重命名为"图层2"，如图3-182所示；在工具栏中选择"矩形选框工具"，框选电子烟蓝色主体部分，建立选区，如图3-183所示。

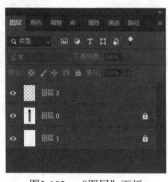

图3-181　添加参考线　　　　图3-182　"图层"面板　　　　图3-183　建立选区

03 在工具栏中选择"渐变工具"，如图3-184所示；选择渐变颜色，如图3-185所示；弹出"渐变编辑器"对话框，双击色标█按钮，弹出"拾色器"对话框，如图3-186所示；将鼠标指针移动至工作区，当其变为█图标后，依次吸取图3-187所示的区域色彩，设置色彩参数如图3-188和图3-189所示；设置"渐变编辑器"对话框中的参数，如图3-190所示。

图3-184　渐变工具

图3-185　5种类型的渐变

图3-186　拾色器1　　　　图3-187　吸取颜色　　　　图3-188　拾色器2

图3-189　拾色器3　　　　　　　　　图3-190　渐变编辑器

04 选择"图层2"，按住Shift键不放，移动鼠标左键，对选区进行上色，效果如图3-191所示。

05 选择"图层2"，按快捷键Ctrl+T，右击主体，在弹出的快捷菜单中选择"变形"命令，如图3-192所示；移动控制点，将矩形上方部分变形为弧形，效果如图3-193所示。

图3-191　填充效果　　　　　　图3-192　变形　　　　　　图3-193　变形效果

06 在工具栏中选择"钢笔工具"，如图3-194所示；绘制如图3-195所示的路径；按快捷键Ctrl+Enter建立选区，选择"渐变工具"，弹出"渐变编辑器"对话框，双击色标■按钮，弹出"拾色器"对话框，将鼠标指针移动至工作区，鼠标箭头变为"吸管"按钮🖊后，依次吸取如图3-196、图3-197所示的区域色彩；设置"渐变编辑器"对话框中的参数，如图3-198所示；新建一个图层，重命名为"图层3"，如图3-199所示；添加选区颜色，效果如图3-200所示。

图3-194　钢笔工具

图3-195　路径形状

图3-196　拾色器1

图3-197　拾色器2

图3-198　渐变编辑器

图3-199　"图层"面板

图3-200　填充效果

07 选择"钢笔工具"，绘制高光部分路径，按快捷键Ctrl+Enter建立选区，如图3-201所示；新建一个图层，重命名为"图层4"，如图3-202所示；选择"画笔工具"，设置前景色为白色，绘制高光并填充，效果如图3-203所示，按快捷键Ctrl+D取消选区。

图3-201　建立选区　　　　　图3-202　"图层"面板　　　　　图3-203　填充效果

08 选择"钢笔工具"，绘制如图3-204所示的路径，按快捷键Ctrl+Enter建立选区，如图3-205所示；新建一个图层，重命名为"图层5"，将其移动至"图层3"下方，如图3-206所示；选择"渐变工具"，参照图3-198调整"渐变编辑器"对话框中的参数，方法同上，在选区内添加渐变颜色，效果如图3-207所示。

图3-204　路径形状　　　　　　　　　　图3-205　建立选区

图3-206　"图层"面板　　　　　　　　图3-207　填充效果

09 选择"钢笔工具"，绘制如图3-208所示的路径，按快捷键Ctrl+Enter建立选区，如图3-209所示；新建一个图层，重命名为"图层6"，将其移动至"图层5"下方，如图3-210所示；选择"渐变工具"，参照图3-198调整"渐变编辑器"对话框中的参数，方法同上，在选区内添加渐变颜色，效果如图3-211所示。

图3-208　路径形状　　　　图3-209　建立选区　　　　图3-210　"图层"面板　　　　图3-211　填充效果

10 选择"钢笔工具"，绘制如图3-212所示的路径，按快捷键Ctrl+Enter建立选区；新建一个图层，重命名为"图层7"，如图3-213所示；选择"渐变工具"，参照图3-198调整"渐变编辑器"对话框中的参数，方法同上，在选区内添加渐变颜色，效果如图3-214所示。

图3-212　路径形状　　　　　　图3-213　"图层"面板　　　　　　图3-214　填充效果

11 在工具栏中选择"椭圆工具"，如图3-215所示，绘制如图3-216所示的路径，填充深灰色，设置参数，如图3-217所示；将图层命名为"椭圆1"，并将该图层移动至"图层6"下方，如图3-218所示；效果如图3-219所示。

图3-215　椭圆工具　　　　　　图3-216　路径形状　　　　　　图3-217　拾色器

53

图3-218 "图层"面板

图3-219 填充效果

12 右击"椭圆1"图层，在弹出的快捷菜单中选择"栅格化图层"命令，如图3-220所示；在工具栏中选择"多边形套索工具"，如图3-221所示；框选多余的部分并删除，效果如图3-222所示。

图3-220 栅格化图层

图3-221 多边形套索工具

图3-222 删除结果

13 选择"椭圆选框工具"，框选如图3-223所示的区域；新建一个图层，重命名为"图层8"，将其移动至"图层7"下方，如图3-224所示；选择"画笔工具"，设置前景色为深灰色，设置参数，如图3-225所示，填充选区；在框选位置绘制高光选区并填充，如图3-226所示。

图3-223 建立选区

图3-224 "图层"面板

图3-225　拾色器

图3-226　填充效果

14 选择"椭圆选框工具"，框选如图3-227所示的区域；新建一个图层，重命名为"图层9"，将其移动至"图层7"下方，如图3-228所示；选择"画笔工具"，设置前景色为深灰色，参数如图3-229所示，填充选区；在框选位置画出边缘高光，效果如图3-230所示。

图3-227　建立选区

图3-228　"图层"面板

图3-229　拾色器

图3-230　高光效果

15 选择"钢笔工具"，绘制如图3-231所示的高光路径；新建一个图层，重命名为"图层10"，将其移动至"图层7"下方，如图3-232所示；选择"画笔工具"，设置前景色为白色，填充效果如图3-233所示。

图3-231　路径形状　　　　　　图3-232　"图层"面板　　　　　　图3-233　填充效果

16　新建一个图层，重命名为"图层11"，拖动至"图层7"下方，如图3-234所示；方法同上，绘制如图3-235所示的高光效果。

图3-234　"图层"面板　　　　　　　　　　　图3-235　填充效果

17　选择"椭圆选框工具"，框选如图3-236所示的区域；新建一个图层，重命名为"图层12"，如图3-237所示；选择"渐变工具"，参照图3-198调整"渐变编辑器"对话框中的参数，方法同上，添加选区颜色，效果如图3-238所示。

图3-236　建立选区　　　　　图3-237　"图层"面板　　　　　图3-238　填充效果

18　选择"椭圆选框工具"，框选如图3-239所示的区域；新建一个图层，重命名为"图层13"，如图3-240所示；选择"画笔工具"，设置前景色为深灰色，设置参数，如图3-241所示；填充选区，效果如图3-242所示。

图3-239　建立选区

图3-240　"图层"面板

图3-241　拾色器

图3-242　填充效果

19 选择"钢笔工具"，绘制如图3-243所示的高光路径；新建一个图层，重命名为"图层14"，如图3-244所示；选择"画笔工具"，设置前景色为白色并进行填充，如图3-245所示；效果如图3-246所示。

图3-243　路径形状

图3-244　"图层"面板

图3-245　设置前景色

图3-246　填充效果

20 选择"图层12""图层13"和"图层14"3个图层，按快捷键Ctrl+J，复制为"图层12拷贝""图层13拷贝""图层14拷贝"，如图3-247所示；将拷贝后对应的图像，镜像到图3-248所示的位置，效果如图3-249所示。

图3-247　"图层"面板

图3-248　移动部件

图3-249　移动效果

21 选择"钢笔工具"，绘制如图3-250所示的高光路径；新建一个"图层15"，如图3-251所示；选择"画笔工具"，设置前景色为白色并填充，如图3-252所示；在工具栏中选择"橡皮擦工具"，如图3-253所示；对高光调整不透明度，效果如图3-254所示。

图3-250　路径形状

图3-251　"图层"面板

图3-252　填充效果

图3-253　橡皮擦工具

图3-254　调整效果

22 选择"画笔工具"，设置前景色为白色，方法同上，在如图3-255所示的位置绘制高光，效果如图3-256所示。

23 选择"画笔工具"，设置前景色为深灰色，设置参数，如图3-257所示，方法同上，在如图3-258所示的位置，绘制暗部，效果如图3-259所示。

图3-255　添加高光

图3-256　高光效果

图3-257　拾色器

图3-258　添加暗部

图3-259　填充效果

24 选择"画笔工具"，设置前景色为浅蓝色，设置参数，如图3-260所示，方法同上，在如图3-261所示的位置，绘制暗部，效果如图3-262所示。

图3-260　拾色器

图3-261　添加高光

图3-262　填充效果

25 选择"矩形选框工具"，框选如图3-263所示的区域；新建一个"图层22"，如图3-264所示；选择"渐变工具"，参照图3-198调整"渐变编辑器"对话框中的参数，方法同上，在选区内添加渐变颜色，如图3-265所示；调整其不透明度为7%，效果如图3-266所示。

图3-263　建立选区　　　图3-264　"图层"面板　　　图3-265　填充颜色　　　图3-266　调整效果

26 选择"多边形套索工具"，选中产品图标，如图3-267所示；新建"图层24"，如图3-268所示；选择"渐变工具"，设置参数如图3-269和图3-270所示，设置"渐变编辑器"对话框中的参数，如图3-271所示；在选区内添加渐变颜色，效果如图3-272所示。

图3-267　建立选区　　　　　　　　　　　图3-268　"图层"面板

图3-269　拾色器1　　　　　　　　　　　图3-270　拾色器2

27 选择"椭圆工具"，设置前景色为白色，添加至图3-273所示的电子烟两侧位置，效果如图3-274所示。

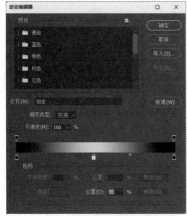

图3-271　渐变编辑器

图3-272　填充效果

图3-273　添加部件

图3-274　添加效果

28 把贴图素材导入图层中，将素材图层移动至"图层2"上方，如图3-275所示；按住Ctrl键不放，选择"图层2"缩略图，建立选区，按快捷键Shift+Ctrl+I反选，单击贴图素材图层，删除多余的部分，如图3-276所示；贴图素材混合模式选择"叠加"，如图3-277所示。

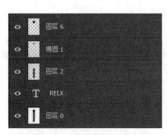

图3-275　"图层"面板

图3-276　建立选区

图3-277　叠加

29 最终效果如图3-278所示。

图3-278　最终效果

3.3　本章小结

　　本章主要讲解使用Photoshop进行产品辅助设计的基础知识，包含Photoshop的基本功能，以及后期精修的常用工具。后期精修的目的是通过光影效果的变化和多种材质的表现让产品效果更加突出，将产品的真实感和整体感更为完美地呈现出来。图层是Photoshop中重要的功能，只有熟练地掌握图层知识，才能在不破坏原图的基础上，根据不同的目的和所要达到的效果灵活处理。

　　细节决定成败，产品后期精修所围绕的都是对产品的细节进行整体的完善和改变，其中就要求对产品的明暗关系及形态有所掌握，才能更好地理解和表达出每个步骤的缘由。Photoshop中常用的工具都较为简单，其难点就在于交替进行使用，多次繁复操作，通过一两个案例的学习不可能快速掌握，可以通过本章的案例思路和方法进行知识总结，多多尝试，更重要的是要有足够的耐心，才能最终达到理想的效果。

Photoshop的材质应用 与滤镜表现

主要内容：对金属、塑料、玻璃和木材等产品设计中常用的材质进行深入分析，并对相关材质和滤镜表现方法进行详细的讲解。

教学目标：通过对本章内容的学习，使读者对产品的材质表现有较为清晰的认识，对产品表现中光和影的理解更为透彻。

学习要点：熟悉各类产品材质表现相关内容，掌握和运用产品滤镜进行效果表现。

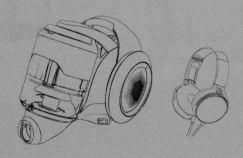

Product Design

在人们的日常生活中，会接触到各类材质的产品。不同的材质由于不同的特性被赋予形态各异的外观。只有熟悉材质的不同特性，才能做到真正的物有所用，物尽其用。

在本章内容中，将介绍几种常见产品材质的绘制方法及滤镜表现效果，设计者熟练掌握后能运用于大多数产品的效果表现，简单易学，行之有效。

4.1 材质表现

4.1.1 金属材质表现

金属是人们生活中最为常见的材质之一，具有外表美观、坚固耐用等特点，也是高品质产品中的常见元素。

金属材质一般表面光洁度较高，有强烈的反光和明暗对比，同时色彩比较单一，以灰色为主。金属产品的曲面变化大，因而明暗交界线和反射场景的影像会在其表面拉伸变形，受环境影响较大，在不同的环境下呈现不同的明暗变化。表现要点是：明暗过渡比较强烈，高光处可以留白不画，同时加重暗部处理。必要时设计者也可以在高光处显现少许彩色，使表现更加生动传神。

如图4-1至图4-4为常见的金属水龙头和金属水壶，在绘制其效果图时，应该多注意对曲面的明暗交界处的变化和弧面过渡层次的刻画，做到清晰简练，笔触果断。

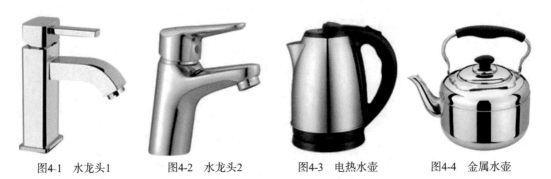

图4-1 水龙头1　　　　图4-2 水龙头2　　　　图4-3 电热水壶　　　　图4-4 金属水壶

常见的金属材质分为平面和曲面两类，下面介绍常见平面金属材质的表现方法。

01 打开Photoshop软件，执行菜单"文件"|"新建"命令，在弹出的"新建文档"对话框中，设置文件的"宽度"为8.5厘米、"高度"为8.5厘米、"分辨率"为300像素/英寸，并将其命名为"金属材质"，如图4-5所示。

注意：在绘制产品效果图时，设计者应该事先对图幅大小、比例有准确的概念，方便后续绘制的布局。

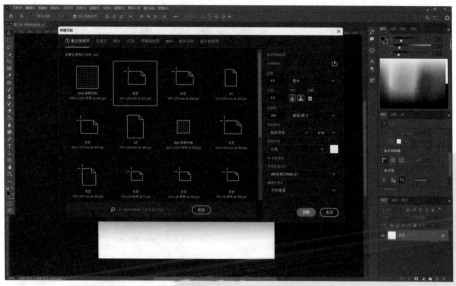

图4-5 新建文件

02 在工具栏中选择"渐变工具",如图4-6所示,在弹出的"渐变编辑器"对话框中进行图4-7所示的设置,然后对背景进行填充,生成如图4-8所示的线性渐变效果,以表现金属的色彩和光感。具体色彩可根据实际情况自行调节,高反光的区域使用浅灰色,低反光的区域使用深灰色。设计者可以根据不同的金属使用不同色相的灰色,这都可以自行调节,不必强求与本图相同,只要达到理想效果即可。

 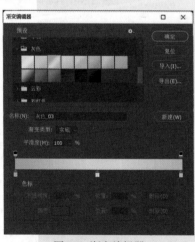 

图4-6 渐变工具　　　　图4-7 渐变编辑器　　　　图4-8 渐变效果

03 执行菜单"滤镜"|"杂色"|"添加杂色"命令,在弹出的"添加杂色"对话框中,设置"数量"为6%,选择"平均分布"单选按钮,勾选"单色"复选框,效果如图4-9所示。添加杂色的操作会为材质表面添加颗粒感,具体数量可根据产品表面材质精细程度而定,其中"数量"取决于金属打磨时的精细程度,"数量"越低,精细程度越高。将"数量"设置为5%和15%时的效果分别如图4-10和图4-11所示。设计者可以反复尝试不同的"数量"值,以达到理想效果。

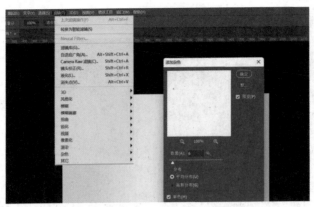

图4-9　添加杂色

图4-10　添加杂色5%处理

图4-11　添加杂色15%处理

04 执行菜单"滤镜"|"模糊"|"动感模糊"命令，在弹出的"动感模糊"对话框中，设置"角度"为0度、"距离"为100像素，如图4-12所示；效果如图4-13所示。

注意：在"动感模糊"对话框中设置的角度需要与之前绘制的渐变角度相一致，否则将难以达到理想的金属拉丝效果。

图4-12　设置动感模糊

图4-13　动感模糊处理效果

05 应用"动感模糊"命令后会发现图像左右两侧没有被模糊，此时设计者可以选择工具栏中的"裁剪工具"，如图4-14所示。将左右两侧未被模糊的部分裁剪掉，如图4-15所示。产生这一瑕疵的主要原因在于"动感模糊"命令对边沿处理的不足，效果如图4-16所示。

图4-14　裁剪工具

图4-15　裁剪图像

图4-16　完成效果

　　金属水龙头这类产品表面光滑，但曲面结构相对较为复杂，明暗交界线明显，光影关系简单，却具有很强的表现力，如图4-17中对水龙头不同的面交界处的处理，是绘制常见不锈钢类金属制品的典型代表。

　　典型产品(金属水龙头)的表现如下。

　　01 新建一个大小为15厘米×17厘米的PSD文件，设置"名称"为"金属水龙头"、"分辨率"为300像素/英寸，如图4-18所示。设计者也可以根据自己的需求自由发挥，任意设置图幅，从而表现形态不同的产品。

图4-17　水龙头表现效果图

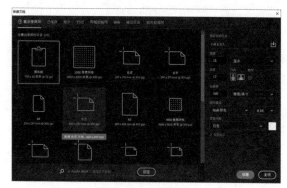

图4-18　新建文件

　　02 新建一个图层，命名为"线稿"，在工具栏中选择"钢笔工具"，在该图层上勾画如图4-19所示的路径，绘制产品的外轮廓，然后右击外轮廓线，在弹出的快捷菜单中选择"描边路径"命令，在属性栏中设置画笔大小为4像素、黑色，如图4-20和图4-21所示，然后删除该路径。在该过程中，可以将自己绘制的草图衬于该图层下方进行绘制，在勾画钢笔路径时，不必

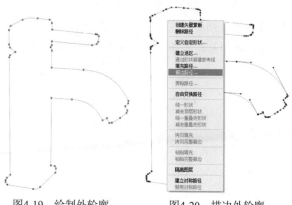

图4-19　绘制外轮廓　　　　图4-20　描边外轮廓

追求每一点都准确到位，可以在形成闭合路径后，再分别调节各个锚点和控制杆，直至得到理想效果，这样做可以节省大量的时间和精力。

图4-21　画笔参数设置

03 继续执行与上一步相同的操作，选择"描边路径"命令，设置画笔半径为3像素。设计者也可以根据实际情况自己设定，需要注意的是外轮廓半径要稍大于内轮廓半径。耐心地勾画该产品的内部结构线，如图4-22和图4-23所示。注意水龙头的各种细节之处，不要有遗漏。

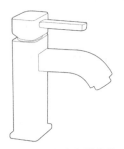

图4-22　绘制内部结构线1

图4-23　绘制内部结构线2

04 新建一个图层，命名为"色块"。在工具栏中选择"钢笔工具"，勾画如图4-24所示的路径，单击"路径"面板底部的"将路径作为选区载入"按钮建立选区，同时按快捷键Shift+F5填充颜色，在此填充淡灰色，如图4-25所示。

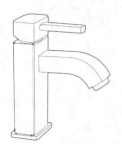

图4-24　勾画选区

图4-25　填充颜色

05 重复上一步填充颜色的操作，对产品其他的面填充主要色调。色彩的深浅可由设计者根据光影关系判定，注意不同面之间衔接处的契合。不同面之间的色调深浅差异不要过大，保持好色调深浅相对关系即可，如图4-26和图4-27所示。

图4-26　分步建立各部位选区并填充颜色

图4-27　完成效果

06 对该图层执行菜单"滤镜"|"杂色"|"添加杂色"命令，由于水龙头表面打磨得细腻光滑，颗粒感不强，添加杂色的数量可以设置得偏小一些，添加杂色数量为2%，效果如图4-28所示。

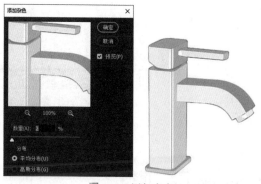

图4-28　添加杂色

提示

铁元素在不规则排列的情况下会呈现黑色，如铁的粉末是黑色的，这也是铁被称为黑色金属的原因。不锈钢就是一种以铁为主要元素的合金。在不锈钢制品中的曲面部分，光线会产生不均匀的、角度不一的反射，十分容易出现漫反射的现象，此时不锈钢制品的某些部分映射到人眼中就会呈现为黑色。

07 将"线稿"图层隐藏，新建一个图层，命名为"漫反射层"。使用工具栏中的"钢笔工具"勾画漫反射部分的轮廓，然后右击轮廓线，在弹出的快捷菜单中选择"建立选区"命令，并在弹出的对话框中设置"羽化半径"为2像素，使边界过渡显得更加柔和。填充黑色或深黑灰色，这里尤其需要设计者注意反光处选区的建立和填充，这部分区域也呈现为黑色，过程如图4-29至图4-31所示。

图4-29　建立选区并填充黑色1　　图4-30　建立选区并填充黑色2　　图4-31　建立选区并填充黑色3

08 在"色块"图层上使用"加深工具"和"减淡工具"对水龙头边缘和反射处进行绘制，方法是先建立选区(重点是反光处的选区)，再对局部进行加深减淡操作。特别要注重的是边沿转折处的加深和减淡，不同的部位使用不同的范围，亮部使用"高光"，暗部使用"阴影"，其他部位使用"中间调"，如图4-32至图4-35所示。注意，将图幅放大后进行细微绘制时，使用大半径笔刷，降低画笔硬度，低曝光度进行多次涂抹。这样做的好处是能够使画面效果更加容易控制。虽然步骤较多，但操作简单，需要有足够的耐心。

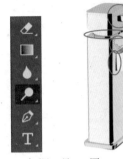

图4-32　加深工具　　图4-33　加深涂抹选区　　　图4-34　加深工具参数设置　　　图4-35　最终效果

4.1.2　塑料材质表现

塑料是现代包装和加工中常用的材料，因其种类繁多、形态功能各异、价格低廉而受到大众的青睐。塑料制品的颜色和光泽都是绝佳，但耐磨性和抗氧化性不强，常作为一次性用品和低价产品的主要材质，亲民实惠。

塑料属于半反光材料，表面给人较为温和的感觉，明暗反差没有金属材料那么强烈，在表现时应注意它的黑白灰对比较为柔和，反光比金属弱，高光强烈。塑料材质的颜色和光泽的表现力都很丰富，尤其对于成色较新的产品，这两点是产品效果图中不可或缺的重要部分，如图4-36所示的塑料储物箱和图4-37所示的塑料电源插头都是常见的塑料产品。

图4-36　塑料储物箱　　　　　　　　　　图4-37　塑料电源插头

塑料制品反光性良好，但不如金属制品，不同曲面的反光差异不大。塑料材质表面精细度差异化很大，有高反光类的，也有磨砂类的或其他各种肌理的。其色彩也是多种多样，转折处曲面常呈现高亮面。塑料材质的单一平面表现力不强，有时直接用单一色彩表现即可，其表现重点常体现在转折过渡处，可以通过图4-37所示的塑料电源插头的绘制得到较好的体现。

典型产品(塑料电源插头)的表现如下。

01 打开Photoshop软件，新建一个大小为8.5厘米×8.5厘米的PSD文件，命名为"塑料电源插头"，设置"分辨率"为300 像素/英寸，如图4-38所示。

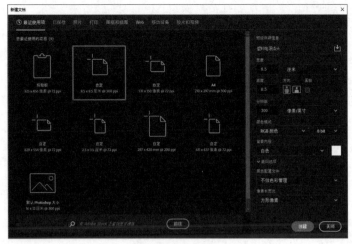

图4-38　新建文件

02 新建一个图层，命名为"线稿"，选择工具栏中的"钢笔工具"，在该图层上勾画该塑料电源插头的外轮廓，如图4-39所示。右击外轮廓线，在弹出的快捷菜单中选择"描边路径"命令，设置画笔大小为3像素、黑色，效果如图4-40所示。

03 重复上一步勾画轮廓的操作，对产品内部结构线进行绘制，设置画笔大小为2像素，过程如图4-41和图4-42所示。

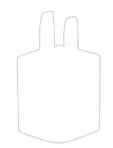  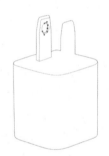 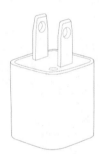

图4-39　勾画外轮廓路径　　图4-40　描边路径　　图4-41　勾画内部结构线1　图4-42　勾画内部结构线2

04 新建一个图层，命名为"主体"，在该图层上建立如图4-45所示的选区，使用工具栏中的"渐变工具"(如图4-43)，在选区内绘制如图4-44所示的水平"线性渐变"。对于渐变色彩的控制，幅度一定要小，两边颜色较深，向中间的浅色过渡，着重表现中间过渡处的反光，最终效果如图4-46所示。

  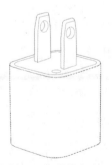 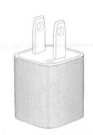

图4-43　渐变工具　　图4-44　渐变工具参数设置　　图4-45　渐变填充选区　　图4-46　渐变填充效果

05 为插头上部建立选区，并填充纯色，如图4-47和图4-48所示。

06 对该图层整体执行菜单"滤镜"|"杂色"|"添加杂色"命令，在弹出的对话框中，设置"数量"为2%，效果如图4-49所示；增添塑料表面的颗粒感，因为电源插头这种塑料材质表面十分光滑，所以在此将"数量"设置为 2%，然后对上部标识进行填充，这里将其填充为浅绿色即可，如图4-50所示。

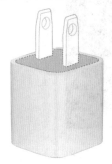
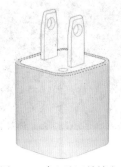
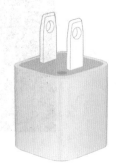

图4-47　建立选区并填充1　　　　图4-48　建立选区并填充2　　　　图4-49　添加杂色

07 使用4.1节中的方法对插头金属部分进行绘制。首先，新建一个图层，在该图层上建立选区并填充色块，绘制漫反射部分。其次，使用工具栏中的"加深工具"和"减淡工具"对细节进行绘制，再使用工具栏中的"模糊工具"对边缘过渡处进行打磨。最后，建立选区，绘制底部阴影。绘制步骤如图4-51和图4-52所示。

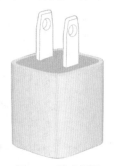

图4-50　填充标识　　　　图4-51　绘制金属插头部分　　　　图4-52　添加阴影和细节

4.1.3　玻璃材质表现

在设计中经常通过高光、高反射和折射等方式体现常见的玻璃材质或透明塑料材质的通透感，使用这类材质的产品有显示屏幕和玻璃酒杯等，如图4-53和图4-54所示。

玻璃这类材质的特点是具有反射光和折射光，透光是其主要的特点。透光性使材质的明暗和色彩变化更加丰富。例如，玻璃球的四周和中心位置的色彩浓度会有

图4-53　手机屏幕　　　　图4-54　玻璃酒杯

很大的不同，表现时可借助环境底色，描绘出产品的形状和厚度，强调物体轮廓与光影变化，注意处理反光部分。尤其要注意描绘物体内部的透明线和零部件，以表现出透明的特点。透明的玻璃窗是由于受光照变化而呈现出不同的特征，当室内黑暗时，玻璃就像镜面一样反射光线；当室内明亮时，玻璃表面不仅透明，还对周围产生一定的映照，所以在表现时要将透过玻璃看到的物体画出来，将反射面和透明面相结合，使画面更有活力。

透明材质具有良好的透光性、防水性和装饰性，在产品设计制造中应用十分广泛。对于设计师来说，透明材质是绘制效果图时经常需要使用的，所以掌握这种材质的表现方法就显得尤为重要。

典型产品(手机屏幕)的表现如下。

01 对于手机屏幕，为了表现出屏幕的通透感，着重表现了明暗分界线。在Photoshop中打开原图，在其中新建一个图层，在该图层上建立如图4-55所示的选区，填充纯白色，效果如图4-56所示。

02 将该图层的"不透明度"设置为50%，为手机屏幕表面添加少量高光，如图4-57所示；效果如图4-58所示。

图4-55　建立选区　　　图4-56　填充白色　　　图4-57　设置图层透明度　　　图4-58　改变透明效果

03 为该图层创建图层蒙版，为该蒙版绘制一个如图4-59所示的线性渐变，最终效果如图4-60所示。

图4-59　添加图层蒙版　　　　　　　　　图4-60　最终效果

典型产品（玻璃酒杯）的表现如下。

01 新建一个大小为12.6厘米×18厘米的PSD文件，命名为"玻璃酒杯"，设置"分辨率"为300像素/英寸。设计者也可以根据个人的需求自行设置图片的尺寸，只要能达到清晰的效果即可，不必严格遵循所给的数值，如图4-61所示。

02 新建一个图层，命名为"底图"，在该图层上，使用工具栏中的"钢笔工具"勾画杯子的外轮廓，如图4-62所示；右击外轮廓线，在弹出的快捷菜单中选择"建立选区"命令，填充色为黑色，效果如图4-63所示。

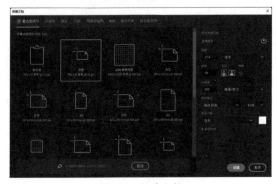

图4-61　新建文件　　　　　图4-62　勾画整体轮廓　图4-63　建立选区并填充1

03 新建一个图层，命名为"色块"，在该图层上建立如图4-64所示的选区，填充各种部位的颜色，可使用工具栏中的"渐变工具"，过程如图4-64至图4-66所示；效果如图4-67所示。

图4-64　建立选区并填充2　图4-65　建立选区并填充3　　图4-66　为边界填充　　图4-67　填充内部液体部位

04 选择工具栏中的"加深工具"和"减淡工具"，对"底图"图层上的不同部位分别进行加深和减淡涂抹，提亮两侧反光部位，如图4-68所示；将"底图"层和"色块"层合并，使用工具栏中的"模糊工具"涂抹边界，如图4-69所示；按快捷键Ctrl+J复制该图层，将复制的图层置于原图层之下，按快捷键Ctrl+T将图层垂直翻转，将图像移动至如图4-70所示的位置，形成倒影。

图4-68　提亮两侧反光部位　　　图4-69　模糊工具涂抹边界　　　图4-70　绘制倒影

4.1.4　木质材质表现

木材是人类最早使用的材料之一，因其质量轻、弹性好、耐冲击、纹理色调丰富美观、加工容易等优点，至今仍被大范围应用。木材是一种天然材料，且易于获取，无毒无害，因此被广泛应用于各类与人类息息相关的生活用品中，也是常见产品效果表现中不可或缺的部分。

常见的木质材料产品有木梳(图4-71)、木筷(图4-72)和家具等。

图4-71　木质梳子　　　　　　　　　　图4-72　木质筷子

木材的质感主要通过固有色和表面的纹理特征来表现。木纹的表现主要是突出木材的粗糙纹理，主要表现在地板和较大的家具结构面上。纹理的线条要自然，要具有随机性，不要机械化地表现相同的纹理。

木质产品在色彩上较为统一，任何天然木材的表面颜色及调子都是有变化的，因此，用色不要过分一致，试着有所变化。但不同种类的木材在纹理上会有很大差异，图案也十分复杂，不建议使用Photoshop直接绘制，可使用相应素材，下面介绍简单的表现方式。

典型产品(木质梳子)的表现如下。

01 新建一个大小为20厘米×16厘米的PSD文件，命名为"木质梳子"，设置"分辨率"为300像素/英寸，如图4-73所示。

02 新建一个图层，命名为"主体"，在该图层上，使用工具栏中的"钢笔工具"仔细勾画梳子的外轮廓，右击外轮廓线，在弹出的快捷菜单中选择"建立选区"命令，为选区填充纯色(CMYK:15 50 90 0)，这是一种比较贴近原木的色彩，如图4-74所示。在勾画轮廓的时候注意梳齿间距要统一、匀称。

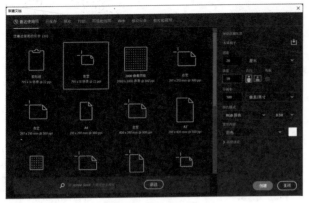

图4-73　新建文件

图4-74　建立选区并填充

03 为"主体"图层添加"内阴影"和"投影"两个图层样式，如图4-75所示；参数如图4-76和图4-77所示；效果如图4-78所示。

图4-75　添加图层样式

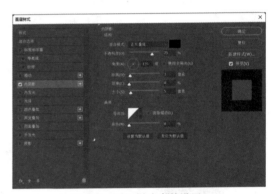

图4-76　图层样式参数设置1

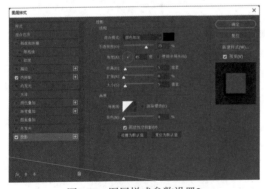

图4-77　图层样式参数设置2

图4-78　图层样式表现效果

注意：添加图层样式时，不必死记硬背参数值，设计者可以不断尝试，得到最好的效果，以积累经验。

04 建立一个如图4-79所示的选区，设置"羽化"为20像素，按快捷键Ctrl+J将该选区复制成一个新的图层并右击，在弹出的快捷菜单中选择"清除图层样式"命令，如图4-80和图4-81所示。

图4-79　建立选区

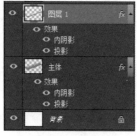

图4-80　复制图层

图4-81　清除图层样式

05 对该图层执行菜单"滤镜"|"渲染"|"纤维"命令，添加"纤维"滤镜，如图4-82所示；在"纤维"对话框中，设置"差异"为16、"强度"为1，如图4-83所示；效果如图4-84所示。

图4-82　添加"纤维"滤镜

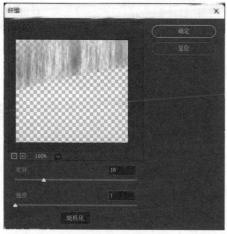

图4-83　滤镜参数设置

图4-84　滤镜效果

06 对该图层执行菜单"滤镜"|"杂色"|"添加杂色"命令，在弹出的对话框中设置"数量"为20%、高斯分布、单色；执行菜单"滤镜"|"模糊"|"动感模糊"命令，在弹出的对话框中设置"角度"为90度、"距离"为50像素，效果如图4-85和图4-86所示；将该图层的混合模式设置为"柔光"，如图4-87所示；效果如图4-88所示。

图4-85　添加杂色

图4-86　动感模糊

图4-87　混合模式

07 在"主体"图层上建立如图4-89所示的选区，设置"羽化"为5像素，按快捷键Ctrl+J将该选区复制成一个新的图层，右击新的图层，在弹出的快捷菜单中选择"清除图层样式"命令，对该图层执行菜单"滤镜"|"杂色"|"添加杂色"命令，在弹出的对话框中设置"数量"为20%、高斯分布、单色，效果如图4-90所示；执行菜单"滤镜"|"模糊"|"动感模糊"命令，在弹出的对话框中设置"角度"为-30度、"距离"为50像素，效果如图4-91所示；将该图层的"混合模式"调整为"柔光"，效果如图4-92所示。

图4-88　更改混合模式效果　　　　图4-89　建立选区　　　　图4-90　添加杂色

08 在"主体"图层上，使用工具栏中的"加深工具"对底部进行加深，使用"减淡工具"对转折处提亮，效果如图4-93和图4-94所示。

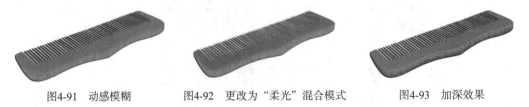

图4-91　动感模糊　　　　图4-92　更改为"柔光"混合模式　　　　图4-93　加深效果

09 新建图层，命名为"高光"，置于最上部。使用工具栏中的"钢笔工具"，建立如图4-95所示的长条形选区，设置"羽化"为5像素，填充白色，将图层的不透明度调整为80%，最终效果如图4-96所示。

图4-94　提亮效果　　　　图4-95　点缀高光　　　　图4-96　最终效果

4.2　滤镜表现

滤镜，主要用于实现图像的各种特殊效果，如图4-97和图4-98所示。它在Photoshop中具有非常神奇的作用。所有的滤镜按照分类放置在菜单栏中，使用时只需要在该菜单中执行滤镜命令即可。滤镜的操作是非常简单的，但是真正用起来却很难恰到好处，通常需要与通道、图层等联合使用，才能得到最佳的艺术效果。设计者若想在适当的位置应用滤镜，除了平常积累的美术功底之外，还需要对滤镜有很强的操控能力，并具有很丰富的想象力，这样才能更好地使用滤镜，以达到理想的画面效果。

图4-97 耳机1

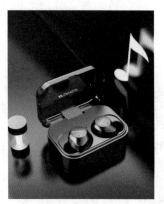

图4-98 耳机2

4.2.1 CD纹

01 打开 Photoshop软件，导入吹风机素材，如图4-99所示。

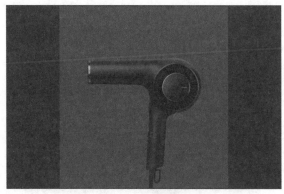

图4-99 吹风机素材

02 将参考线移动至如图4-100所示的圆形中心，使用"钢笔工具"框选圆形纹理区域，如图4-101所示，按快捷键Ctrl+Enter建立选区。

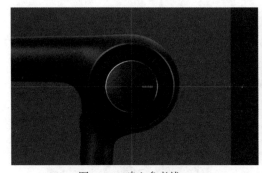

图4-100 建立参考线

图4-101 建立选区

03 新建图层，重命名为"纹理1"，选择"渐变工具"，在属性栏中单击"角度渐变"按钮，如图4-102所示；在弹出的"渐变编辑器"对话框中，设置参数，如图4-103所示；在中心点绘制，如图4-104所示；将"纹理1"图层复制，中心等比例缩小并旋转，制作CD纹厚度，重命名为"纹理2"，如图4-105所示。

图4-102　渐变工具

图4-103　角度渐变参数设置

图4-104　角度渐变

图4-105　旋转渐变

注意：在进行渐变处理时，对色彩选择要注意明暗关系，不可过亮或过暗，选择深灰或浅灰自行调节即可。

04 新建图层，重命名为"滤镜"，执行菜单"滤镜"|"杂色"|"添加杂色"命令，在弹出的"添加杂色"对话框中，设置参数，如图4-106所示；执行菜单"滤镜"|"模糊"|"径向模糊"命令，在弹出的"径向模糊"对话框中，设置参数，如图4-107所示；将该图层"混合模式"更改为"强光"，如图4-108所示；效果如图4-109所示。

图4-106　添加杂色参数设置

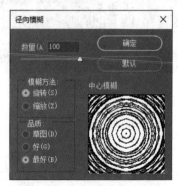

图4-107　径向模糊参数设置

图4-108　混合模式　　　　　　　　图4-109　更改混合模式效果

05 执行菜单"滤镜"|"锐化"|"智能锐化"命令，在弹出的"智能锐化"对话框中，设置参数，如图4-110所示；为了进一步加强纹理效果，按快捷键Ctrl+L，弹出"色阶"对话框，参数设置如图4-111所示；最终效果如图4-112所示。

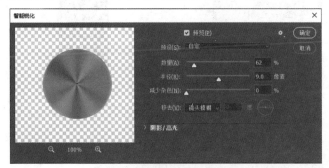

图4-110　智能锐化参数设置　　　　　　图4-111　色阶参数设置

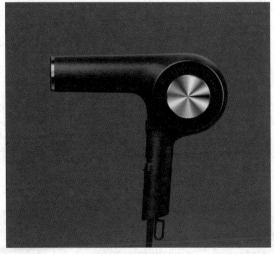

图4-112　最终效果

4.2.2　拉丝、磨砂

01 打开Photoshop软件，将空调素材文件导入，如图4-113所示。

图4-113　空调

02 使用"矩形选框工具"框选如图4-114所示的区域，执行菜单"滤镜"|"杂色"|"添加杂色"命令，在弹出的"添加杂色"对话框中，设置参数，如图4-115所示；效果如图4-116所示。

图4-114　建立选区　　　　　　图4-115　添加杂色参数设置　　　　　图4-116　添加杂色效果

03 使用"矩形选框工具"框选如图4-117所示的区域，新建图层，重命名为"滤镜"，执行菜单"滤镜"|"杂色"|"添加杂色"命令，在弹出的"添加杂色"对话框中，设置参数，如图4-118所示；效果如图4-119所示。

图4-117　建立选区　　　　　　　　　　　　　　图4-118　添加杂色参数设置

图4-119　添加杂色效果

04 执行菜单"滤镜"|"锐化"|"智能锐化"命令，在弹出的"智能锐化"对话框中，设置参数，如图4-120所示；效果如4-121所示；然后使用原图层创建剪贴蒙版，将产品面板滤镜效果删除，最终效果如图4-122所示。

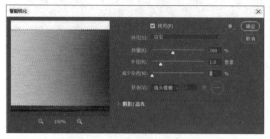

图4-120 智能锐化参数设置

图4-121 智能锐化效果

图4-122 最终效果

4.2.3 轮毂转动、残影

01 打开 Photoshop软件，将汽车素材文件导入，如图4-123所示。

02 使用"钢笔工具"框选如图4-124和图4-125所示的汽车轮毂，建立选区，并复制该图层，重命名为"轮毂"。

图4-123 汽车

图4-124 建立选区1

图4-125 建立选区2

03 执行菜单"滤镜"|"模糊"|"形状模糊"命令，框选汽车轮毂，如图4-126所示，使其静态转为动态感。再使用"椭圆选框工具"框选标志，如图4-127所示；按快捷键Ctrl+J复制一个图层，重命名为"Logo"。

图4-126　框选模糊区域

图4-127　复制标志

04 将全部图层复制，并选中复制的图层，按快捷键Ctrl+E合并到新图层，重命名为"汽车"，执行菜单"滤镜"|"模糊"|"动感模糊"命令，在弹出的"动感模糊"对话框中，设置参数，如图4-128所示；对"汽车"图层添加蒙版，使用"线性渐变"减弱部分动感模糊，使运动感更加真实，最终效果如图4-129所示。

图4-128　动感模糊参数设置

图4-129　最终效果

4.3　本章小结

　　复杂产品的表面材质并不单一，往往是由多种材料混合使用。不同的材质需要分别绘制，但要注意保持统一的明暗关系，也要保证不同材质衔接处的协调、自然。本章讲解的都是生活中常见的一些材质，设计者可多综合利用，用于绘制复杂的产品。在使用滤镜处理图像时，需要选择其所在的图层，并使图层可见。滤镜只能作用于一个图层，不能同时多个图层。

　　在创作时，要特别注意规范文件中的图层命名，好处在于有逻辑的命名有助于协同办公时其他人理解你的工作思路，也有利于帮助他们迅速地找到相应的图层。所以，要养成合理命名图层的好习惯。

　　本章讲解了许多代表性材质的绘制方法和滤镜表现方法，以及Photoshop中常见命令和工具的使用方法。只要设计者耐心临摹，体会各种材质、滤镜的特点与表现技巧，熟练运用Photoshop进行产品效果表现将不是一件难事。

第5章

绘制常见的产品细节

主要内容：讲解如何表现常见的产品细节，进而增强产品的真实性，对产品起到画龙点睛的作用。

教学目标：通过对本章内容的学习，使读者学会如何增强产品的完整性，如何巧妙处理产品的细节。

学习要点：重视产品表现中细节的处理，掌握表现细节内容的相关工具和命令。

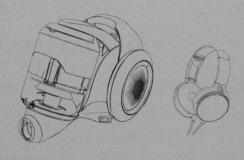

Product Design

在我们日常接触到的产品中，由于造型、工艺或功能的需求，产品的外观追求各种各样的细节，无论产品多么复杂，当对其分析和观察的时候，就会发现它是由很多细节组成的。人的感官是很奇妙的，一种不同的声音，一种特殊的气味，或小小的点缀都可能会影响受众的感官反应，即受众对一些细节的感官感受。因此，与其他领域一样，在产品设计中，细节同样决定品质。

什么样的细节决定了产品的品质呢？我们大致可以想到的有：精致的铭牌和标志、体现科技感的灯光和光影、细腻的金属质感、易操作的按钮和旋钮、规整的接缝、隐藏的螺丝钉、恰到好处的丝印、精细的网孔和格栅、立体感的纹理、恰当的色彩点缀……每个细节都突显产品特有的品质，有细节的产品才更显真实、自然，体现出其不凡的品质。综合而言，产品外观表现上的细节主要有光影和色彩。

下面总结一些常见的产品细节及其绘制方法，在绘制效果图的过程中灵活运用，能够很好地传达出自己的设计理念，从而保证产品的完整性和真实性。绘制产品细节时需要一定的素描功底，把握好亮度、色彩、阴影、材质各方面的变化，才能绘制真实感较强的效果图。

常见的产品细节如下。

- 孔位。
- 按键。
- 缝隙。
- 槽位。
- 指示灯。
- 螺钉。

在绘制产品效果图的过程中，如果对这些常见的细节处理到位，能起到画龙点睛的作用，其操作步骤虽然简单，却是新手必须熟练掌握的技能。

5.1 绘制孔位

如图5-1所示是手机的耳机孔位，耳机的孔位是具有代表性的范例，是对常见同类产品细节的高度概括。手机孔位效果图的重点在于金属质感的表现，而金属质感在于把握细节的光影关系，金属的反光较多，明暗对比较大。设计者在制作时要注意，要想表现好产品的光影，就先要在脑海中构思一个光线的来源，如果具有一定的素描功底，那么在表现产品细节时就会轻松许多。

在绘制之前，首先要定好细节的透视，透视需要遵循底图的透视，这是非常重要的，这关系到图标的整体美感，透视本身也可以很好地表现图标的细节，为了使透视效果更加真实，可以通过三维软件或者平面软件中的一些透视功能来实现。整体框架搭好

图5-1　孔位效果图

后，接下来开始正式绘制。

01 在未完成的手机底图上新建一个图层，选择"椭圆选框工具"，如图5-2所示。在新图层上建立如图5-3所示的红色线框圆形选区，常见的耳机孔位的直径是35mm。设计者可以根据产品的比例规格绘制圆孔的大小。

> **提示**
>
> 使用"椭圆选框工具"时，按住Alt键可从中点出发，按住Shift键可保持正圆，在选择过程中，如果按Esc键将取消本次选取。绘制正圆选区时，注意必须全程都按住Shift键，绘制完以后要先松开鼠标按键，再松开Shift键。

02 设置前景色为黑色，将圆形选区填充黑色，然后在同一位置建立一个比图5-3略小的同心圆形选区，如图5-4所示；为其填充浅灰色(CMYK:15 15 20 0)，效果如图5-5所示。

图5-2 椭圆选框工具　　　　图5-3 建立圆形选区　　　　图5-4 建立选区

03 继续在同一位置建立更小的同心圆形选区，并填充黑色，如图5-6所示。如果是软件新手，绘制的圆形尽量放在不同的图层上，以便于后期修改；如果操作熟练的话，可以将这几个同心圆形选区建立在一个图层上。

图5-5 填充效果　　　　　　图5-6 建立选区并填充

04 建立一个如图5-7所示的环形选区，即紧靠于中心黑色圆形外围的圆环，确保该选区的存在，执行菜单"选择"|"修改"|"边界"命令，在弹出的对话框中设置"宽度"为1像素，建立边界环形选区，此时会出现一个环状的选区，然后单击工具栏中的"渐变工具"按钮，在属性栏中选择"角度渐变"，单击图5-8中的长方形色条，会弹出"渐变编辑器"对话框，通过添加色标设置角度渐变颜色，设置参数，如图5-9所示。注意白色和灰色的过渡变化，首尾都是白色衔接，从环形中心单击鼠标向外拖动，填充渐变色。此时我们可以看到，环形区域有了较强的金属质感，在以后的制作中也可以采用这种角度黑白渐变的方法表现环形的金属感。

图5-7　建立环形选区

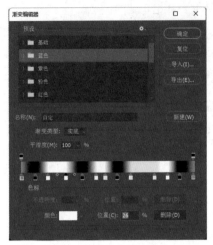

图5-8　选择角度渐变　　　　　　　　　　图5-9　设置角度渐变参数

技术专题

绘制一个圆环形选区，还可以采用其他方式，如选区运算，所谓选区运算是指执行添加、减去、交集等操作，它们以按钮的形式分布在属性栏上，分别为"新选区""添加到选区""从选区减去"和"与选区交叉"，下面分别进行介绍。

- 新选区：指新选区会替代原来的旧选区，相当于取消选择后重新选取，该特性也可以用于取消选区，使用选择工具在图像中任意位置单击，即可取消现有的选区。
- 添加到选区：光标带有"+"，这时新旧选区将共存，如果新选区在旧选区之外，则形成两个封闭的虚线框；如果彼此相交，则只有一个虚线框出现。
- 从选区减去：光标带有"-"，这时旧选区会减去新选区，如果新选区在旧选区之外，则没有任何效果；如果新选区与旧选区有相交部分，就减去了两者相交的区域；如果新选区在旧选区之内，则会形成一个中空的选区；在减去方式下如果新选区完全覆盖了旧选区，就会产生一个错误的提示。
- 与选区交叉：也称为选区交集，其效果是保留新旧两个选区的相交部分，交叉选区也称为选区交集。

在该案例中，环形效果实际上就是先绘制一个大圆，再在其中减去一个小圆。关键是要保证两个圆是同心圆。操作时只要先确定一个点，然后两个圆形选区都以这个点为中心进行创建。确定这个点的方法有两种：使用网格，或使用标尺并建立参考线进行辅助定位。执行菜单"视图"|"标尺"命令，或按快捷键Ctrl+R，图像窗口的上方和左方就会出现标尺。在标尺区域按住鼠标左键向外拖动，即可建立一条参考线，如果其位置不合适，可使用"移动工具"或V键移动参考线。然后建立一个圆形选区，再建立一个同心的小一点的圆形选区，模式选择"从选区减去"即可实现。

05 建立圆形选区。如图5-10所示，执行菜单"选择"|"修改"|"边界"命令，在弹出的对话框中，设置"宽度"为2像素，建立边界环形选区，并填充浅灰色，然后根据不同部位的明暗关系，运用"加深工具"和"减淡工具"进行修改，大致是左上部进行减淡操作，右下部

进行加深操作，效果如图5-11所示。

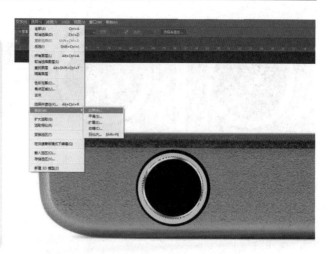

图5-10　建立边界环形选区

> **提示**
>
> "减淡工具"的作用是局部加亮图像，可选择为高光、中间调或暗调区域加亮；"加深工具"的效果与"减淡工具"相反，是将图像局部变暗，也可以选择将高光、中间调或暗调区域变暗，这两个工具曝光度设定越大，效果越明显，如果开启喷枪方式则在一处停留时具有持续性效果。

06 同理，建立如图5-12所示的环形边界选区，设置"宽度"为3像素，填充浅灰色，效果如图5-13所示。

图5-11　边界环形选区填充效果

图5-12　建立环形选区

图5-13　填充浅灰色

07 对上一步建立的环形选区左上部分进行加深处理，整体进行明暗色调调节，不能使其成为一个平铺的圆环，然后在底图图层上建立选区，大致形状如图5-14所示。具体的大小自己把握，注意不要过大。对选区填充灰色，设置"羽化"为3像素，使其边缘模糊，并使用"加深工具"对此选区紧挨最外面圆的部分进行涂抹加深，使其产生阴影效果，此时可以看到耳机孔已经出现了立体感，并且与手机底图融为一体，其阴影位于右下方，说明光线来源于左上方。

> **提示**
>
> 在使用"羽化"功能时，羽化值越大，模糊范围越宽；羽化值越小，模糊范围越窄。设计者可根据想留下图的大小来调节，如果把握不准，可以将羽化值设置小一些，重复按Delete键，逐渐增大模糊范围，从而选择自己需要的效果。

08 新建一个图层，建立如图5-15所示的不规则选区，设置"羽化"为2像素，可以按快捷键Shift+F6，对选区填充浅黄色，效果如图5-15所示。

09 对上一步建立的黄色选区进行加深和减淡处理，然后使用"模糊工具"对选区边缘进行模糊处理，体现出层次感，耳机孔位的最终效果如图5-16所示。

在绘制过程中，对选区进行加深和减淡处理，并对边缘进行模糊处理，可体现层次感。掌握了这种方法，在以后的同类产品中都可以运用，如钥匙孔、水壶嘴等。

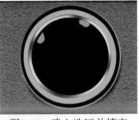

图5-14　加深处理选区　　　图5-15　建立选区并填充　　　　　　图5-16　最终效果

5.2　绘制按键

常见的产品中都会有一些按键。在电子产品中，精细打磨的按键更能突显产品的格调，如图5-17所示为音箱的按键部分。下面详细介绍产品按键的绘制步骤，相信设计者如果掌握了技巧，在面对同类产品的细节处理时会更加得心应手。

01 在未完成的底图上新建一个图层，并建立如图5-18所示的椭圆形选区，设置"羽化"为2像素，填充中灰色，也可根据实际情况添加渐变颜色。在本案例中，椭圆选区采用的是左边浅灰色向右边深灰色过渡，因为此案例的光线来源于右边，设计者在制作时要根据底图确定好自己的光线来源，一般来说，如果光源在右，影子就在左，注意把握光影关系，最后可以根据产品的透视调节椭圆选区的形状。

图5-17　按键表现效果图　　　　　　　图5-18　建立选区并填充

02 再新建一个图层，使用"钢笔工具"勾画如图5-19所示的轮廓，注意轮廓一定要平滑，并贴合上一步的圆形，然后右击轮廓线，在弹出的快捷菜单中选择"建立选区"命令，在弹出的对话框中设置"羽化半径"为1像素。

03 填充深灰色，执行菜单"滤镜"|"杂色"|"添加杂色"命令，在弹出的对话框中，设置"数量"为5%，勾选"单色"复选框，然后执行菜单"滤镜"|"模糊"|"高斯模糊"命令，在弹出的对话框中，设置"半径"为2像素，处理效果如图5-20所示。

图5-19　钢笔勾画路径　　　　　　　图5-20　填充并进行处理

技术专题

使用"钢笔工具"绘制的线条是贝塞尔曲线，在使用"钢笔工具"之前，要了解贝塞尔曲线的常识。贝塞尔曲线由线段和锚点构成，而每一个锚点都有两个控制点，通过调节控制点可设计自己想要的线条。先总结下"钢笔工具"操作的几种组合键。

- 单击：新建锚点。
- Ctrl 键 + 鼠标左键：移动锚点 / 移动控制点。
- Alt 键 + 鼠标左键：锚点 / 角点转换。
- 方向键：微调锚点位置。
- Shift 键 + 鼠标左键：新建水平 / 垂直锚点。
- Ctrl 键 + Alt 键 + 鼠标左键：选中所有锚点。

锚点被断开之后，按住Alt键单击，在顶点处拉出一个控制点，就可以断点续接了。

在这个案例中，采用的是先使用"钢笔工具"确定两点，然后在两点之间的线条上再添加一个锚点（使用"钢笔工具"直接在线条上单击一下），然后按住Ctrl键+鼠标左键，将该点拖动至适合的位置，继续添加锚点（添加锚点的原则就是在两个锚点之间的中间位置添加，然后按住Ctrl键+鼠标左键，单击该锚点就可以了）；新建的锚点默认都是带有两个控制点的锚点，如果是转角部分的话，是不需要控制点的，那怎么办？其实很简单的，只要按住Alt键+鼠标左键，在该锚点上单击一下，该锚点就会变成没有控制点的角点。"钢笔工具"的这些操作方式需要多加练习，它属于矢量绘图工具，其优点是可以勾画平滑的曲线，在缩放或变形之后仍能保持平滑效果，也可以运用"钢笔工具"进行细致的抠图。

04 对上一步建立的选区使用"加深工具"进行明暗处理，重点是将中下部变暗，效果如图5-21所示。

05 在步骤2中新建的图层下建立一个新的图层，使用"钢笔工具"绘制图5-22所示的路径，右击路径曲线，在弹出的快捷菜单中选择"建立选区"命令，在弹出的对话框中，设置"羽化半径"为5像素，填充浅灰色，此时已经可以看出按钮是一个凸台的形状，效果如图5-23所示。

图5-21　明暗处理

图5-22　钢笔勾画路径

06 使用"钢笔工具"在上一步的图层中建立一个稍小的选区，设置"羽化"半径为3像素，并填充中灰色；执行菜单"滤镜"|"杂色"|"添加杂色"命令，在弹出的对话框中，设置"数量"为5%；执行菜单"滤镜"|"模糊"|"高斯模糊"命令，在弹出的对话框中，设置"半径"为2像素，使用"加深工具"和"减淡工具"将选区涂抹至如图5-24所示的效果，注意左下方颜色深于右上方，使其和中心的椭圆融合。

图5-23　建立选区并羽化填充　　　　　　　　　图5-24　建立稍小选区并填充

技术专题

"添加杂色"是指增加噪点,在原来的图片上添加许多和原有不一样的颜色,有时候我们在一幅纯白或纯黑的图片上,为了增加质感,会用杂色做出效果。相反"减少杂色"就是为了去除噪点,让图片更加清晰。

在"添加杂色"对话框中,"单色"复选框其实就是指黑白点,如果勾选该复选框,会将此滤镜只应用于图像中的色调元素,而不改变颜色;不勾选的话会有很多颜色;"平均分布"单选按钮使用随机数值(介于0和正/负指定值之间)分布杂色的颜色值以获得细微效果;"高斯分布"单选按钮其实就是正态分布,沿一条钟形曲线分布杂色的颜色值以获得斑点状的效果。在同等参数下,"高斯分布"的对比更加强烈,对原图的像素信息保留得更少,可以理解为"高斯分布"在某一个参数范围内,与"平均分布"相比,可以让画面显得更锐利,对比更强烈,对原图的信息保留得更少,但超过一个阈值的时候,二者对画面影响的差别基本上可以忽略不计了。

"添加杂色"之后进一步高斯模糊,目的是柔化所选区域,"模糊半径"指以多少像素为单位进行模糊,数值越大,产生的效果越模糊,所以在该案例中,为了能够完整地保留按钮的质感,不需要将模糊半径设置得过大。

07 新建一个图层,建立如图5-25所示的选区,设置"羽化"为3像素,填充中灰色,使用"加深工具"和"减淡工具"进行明暗处理。

图5-25　建立选区并进行明暗处理

08 建立如图5-28所示的红色环形选区,执行菜单"选择"|"修改"|"边界"命令,在弹出的对话框中,设置"宽度"为2像素,对选区设置"羽化"为1像素,填充红色,然后执行菜单"图层"|"图层样式"|"内阴影"命令,如图5-26所示;也可以双击此图层的图层缩略图,参数设置如图5-27所示。此步骤对图形的影响效果不是很明显,但仔细观察会发现,红色选区的内阴影增加了产品的真实感。

图5-26　图层样式

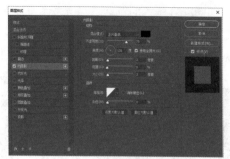

图5-27　图层样式设置参数

　　建立如图5-28所示的环形选区，执行菜单"选择"|"修改"|"边界"命令，宽度值可以根据实际情况进行设置，建立边界环形选区，填充深灰色，注意对左下方暗部加深的处理，此处需要细致地加深涂抹，可以按住Alt键，滚动鼠标滑轮，对图形细节进行放大，便于进行涂抹，表现出产品凸出来的效果，如图5-29所示。

　　09 建立如图5-30所示的椭圆形选区，填充灰色，执行菜单"滤镜"|"杂色"|"添加杂色"命令，在弹出的对话框中，设置"数量"为5%；执行菜单"滤镜"|"模糊"|"高斯模糊"命令，在弹出的对话框中，设置"半径"为2像素，进行模糊处理；执行菜单"图层"|"图层样式"|"斜面和浮雕"命令，调节参数至如图5-30所示的效果。

图5-28　环状绘制效果

图5-29　内环表现效果

图5-30　绘制按键中心

技术专题

- 内斜面：添加了该样式的图层会同时多出一个高光层(在其上方)和一个阴影层(在其下方)，高光层的高光模式为"滤色"，阴影层的阴影模式为"正片叠底"，两者的"不透明度"均为75%。

- 外斜面：添加了该样式的图层也会多出一个高光层和一个阴影层，其高光模式、阴影模式与"内斜面"完全相同。

- 浮雕效果：斜面效果添加的两个层是以一上一下分布，而"浮雕效果"添加的两个层则分布在层的上方，因此不需要调整背景颜色和图层的填充不透明度就可以同时看到高光层和阴影层，这两个层的高光模式、阴影模式、透明度与斜面效果的相同。

- 枕状浮雕：添加了该样式的图层会多出4个层，两个在上，两个在下，上下各分布一个高光层和一个阴影层。因此，"枕状浮雕"是"内斜面"和"外斜面"效果的混合体，其效果大致是形成一个凸台，这个凸台又陷入一个凹面中。

10 建立如图5-31所示的选区,填充粉红色,设置"羽化"为2像素,然后使用"加深工具"和"减淡工具"对按键的图案进行绘制处理。

11 绘制左侧高光部分,建立如图5-32所示的选区,设置"羽化"为2像素,填充白色。

图5-31　绘制按键图案　　　　　　　　　　图5-32　点缀高光

12 在"图层"面板最顶部的图层上右击,在弹出的快捷菜单中选择"拼合图像"命令,合并之前绘制的图层,提亮按钮的右侧,然后对边缘过渡处进行模糊处理,能有效提高产品的质量,使产品更加真实,最终效果如图5-33所示。

图5-33　最终效果

5.3　绘制缝隙

绘制缝隙相对比较简单,却是产品绘制中必不可少的一个步骤,如图5-34和图5-35所示为手机右侧的缝隙,这是一条不规则的缝隙。绘制缝隙的大致原理是:先绘制一条深色的线,宽度根据缝隙深度自定,然后根据环境光对缝隙两侧的棱边进行处理。

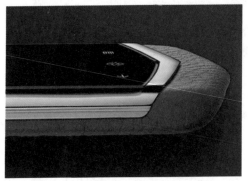

图5-34　未完成底图　　　　　　　　　　　图5-35　缝隙表现

01 使用柔边画笔工具绘制如图5-36所示的曲线，注意绘制不同部位时需要调节画笔的半径，保证线条的流畅、自然，图中为皮革材质，缝隙要有些扭曲，这样显得更加真实、自然些。

02 使用"加深工具"对缝隙的上边缘进行加深涂抹，使用"减淡工具"对缝隙的下边缘进行减淡涂抹，这一过程一定要认真仔细、有耐心，方法虽然很简单，但效果却十分突出，边缘的过渡是对缝隙细节处理最好的体现，最后使用"模糊工具"处理边缘，最终效果如图5-37所示。

图5-36　使用画笔描绘

图5-37　最终效果

5.4　绘制槽位

常见槽位的绘制和缝隙的绘制相似，但区别在于槽面明显可见，如图5-38所示就是一种十分常见的槽位，绘制时注意槽位过渡面的明暗处理和过渡边缘的反光情况。

01 在底图图层上建立如图5-39所示的选区。

02 将该选区从左至右水平缩放 (按快捷键 Ctrl+T) 至如图5-40所示的效果。

图5-38　槽位效果表现图

图5-39　建立选区

图5-40　水平缩放

03 建立如图5-41所示的选区，槽面由于处于内侧，相对于整个外平面会稍暗些，所以对选区进行变暗处理，但是变暗的程度不要太重，槽位越深，其变暗的程度越重。

04 新建一个图层，建立如图5-42所示的长条形选区，分析光源信息可知光线大致是从左上方照射过来，所以槽面上部应该更暗一些，首先为建立的选区创建从上到下、从黑到白的线性渐变，然后将图层的"混合模式"调整为"正片叠底"，如图5-43所示；效果如图5-44所示。

图5-41　加深涂抹选区

图5-42　建立选区并绘制渐变

图5-43　更改混合模式

05 将新建的图层与背景图层合并，前几步建立的选区过于锐利，使用"模糊工具"将各边界涂抹一下，但是幅度不要太大，然后与处理缝隙的方式一样，对槽位的上边沿进行加深涂抹，对下边沿进行减淡涂抹，使用柔边画笔，画笔半径可以自行调节，尽量使边缘过渡自然、流畅，最终效果如图5-45所示。

图5-44　混合模式更改效果

图5-45　最终效果

5.5　绘制指示灯

人们日常使用的电子产品中都带有各种各样的指示灯和呼吸灯，它们就像产品的眼睛一样，能够反映产品气质的细节，指示灯可以使产品更具科技感，绘制时要使指示灯和产品融合协调，不能出现虚浮的感觉，指示灯的效果如图5-46所示。

01 建立一个新图层，在未完成的底图上建立一个圆角矩形形状的选区，操作时首先选择"矩形工具"，采用路径模式，设置圆角的半径为10像素，在图层上绘制一个圆角矩形，并按快捷键Ctrl+T旋转圆角矩形，使其与手机边缘平行，也就是要注意指示灯的透视，然后右击圆角矩形，在弹出的快捷菜单中选择"建立选区"|"新建选区"命令，就可以建立一个圆角矩形选区，效果如图5-47所示。

图5-46　指示灯效果图

图5-47　建立圆角矩形选区

02 在选区中填充深蓝色，然后在其上方建立一个稍小一些的圆角矩形选区，这一步操作可以采用按住Ctrl键，然后单击上一步的图层缩略图，就可以将上一步的圆角矩形选区重新选中，然后执行菜单"选择"|"修改"|"收缩"命令，在弹出的对话框中，设置"收缩量"为2像素(具体参数自定)，快速建立一个更小的圆角矩形选区，然后设置"羽化"为1像素，效果如图5-48所示。

03 单击工具栏中的"渐变工具"，在属性栏中选择"线性渐变"，单击长方形色条，弹出"渐变编辑器"对话框，添加色标设置一个线性渐变，在区域右上方单击并向左下角拖动，填充一个浅蓝色的渐变，效果如图5-49所示。

图5-48 建立稍小选区

图5-49 填充浅蓝色渐变

提示

使用"渐变工具"能在图像上勾勒出五颜六色的线条或面积，提升画面的美感，通过改变文字或者图形的渐变色，使之看上去形象逼真。在使用"渐变工具"时，前景色若为蓝色，背景色可为白色，所以就是蓝白渐变；如果需要绘制平直的渐变，可以使用 Shift 键加以辅助，能够使绘制的线条更加平直，只要在绘制的过程中按住Shift键不放即可；在"渐变编辑器"对话框中调节颜色时，如果不想要当前的颜色，可以先单击"删除"按钮，然后重新选择后再确定。

04 新建图层，使用"钢笔工具"绘制如图5-50所示的选区，填充颜色 (CMYK:9 69 45 0)，并执行菜单"滤镜"|"模糊"|"高斯模糊"命令，在弹出的对话框中，设置模糊"半径"为1.7像素，单击"确定"按钮，完成过渡效果。

05 在"图层"面板中右击最顶部的图层，在弹出的快捷菜单中选择"拼合图像"命令，合并之前绘制的图层，然后使用"加深工具"对灯的边沿进行加深处理，最终效果如图5-51所示。

图5-50 提亮上下两侧边沿

图5-51 最终效果

5.6 绘制螺钉

金属螺钉是常见机械产品的必备零件，现在多数电子产品会尽量隐藏自身的螺钉等部件，但少数产品螺钉的装配往往也能成为精妙的点缀，作为产品的亮点出现。如图5-52所示的手机背部的精致六角螺钉就是很好的案例，与之前绘制耳机孔位的步骤十分相似。

01 在"背景"图层上新建一个图层，建立如图5-53所示的圆形选区，大小可根据实际情况自定义，填充黑灰色。

图5-52 螺钉效果表现图   图5-53 建立圆形选区

02 在同一位置建立一个比上一步选区稍小的圆形选区，然后单击工具栏中的"渐变工具"，在属性栏中选择"角度渐变"，单击长方形色条，弹出"渐变编辑器"对话框，添加色标并设置角度渐变，参数如图5-54所示。注意白色和灰色过渡的变化，首尾都是白色衔接，设置完成后，从环形中心单击鼠标向外拖动，填充渐变色，效果如图5-55所示。

图5-54 角度渐变设置   图5-55 建立稍小选区并填充角度渐变

03 使用"钢笔工具"绘制如图5-56所示的六角星形路径，在绘制过程中，可以按住Ctrl键对钢笔的锚点进行控制，绘制完成后，右击路径，在弹出的快捷菜单中选择"建立选区"命令，然后在弹出的对话框中设置"羽化半径"为1像素，填充中灰色，效果如图5-57所示。

图5-56 勾画螺钉槽位轮廓   图5-57 建立选区并填充灰色

04 在前一步的六角星形图案上分别建立三角形选区，相互交错，并对不同部位进行加深、减淡操作，注意把握阴影关系，效果如图5-58所示。

05 新建一个图层，使用柔边画笔工具绘制螺钉边沿的高光，设置图层的不透明度为70%，如图5-59所示。

图5-58 加深或减淡槽位内部各面

图5-59 提亮边沿

06 在螺钉的图层下新建一个图层，建立一个圆形选区，填充中灰色，然后根据光影关系调节明暗，左上方颜色浅一些，右下方颜色深一些，使螺钉整体有种嵌入凹槽的感觉，明暗对比度可强一些，效果如图5-60所示。

07 将左侧螺钉复制至右侧，复制图层，然后使用"移动工具"将螺钉移动至右边，使用"模糊工具"对螺钉边沿进行打磨，最终效果如图5-61所示。

图5-60 绘制螺钉结合槽面

图5-61 最终效果

5.7 本章小结

本章主要讲解常见的几种产品细节部分的绘制，绘制方法比较相似，都是层层叠加，要把握产品的光影关系，步骤不是很复杂，操作也比较简单，容易上手，但需要设计者有耐心，一些小的细节也不可忽视，也不要省略这些步骤，往往就是这些小细节最能传达出设计者的专注精神和绘图功底。在绘制产品细节的时候，可以同类细节统一绘制，不急不躁，既要保证速度，也要保证质量。

第 6 章

电动剃须刀设计表现

主要内容：讲解电动剃须刀形态的综合表现方法，从电动剃须刀的形态表现到后期的产品细节表现进行逐步操作。

教学目标：通过对本章案例的学习，使读者对产品表现有较为全面的理解，使一些问题可以带入现实案例中理解。

学习要点：熟悉电动剃须刀的形态表现方法，熟练运用各种制作工具。

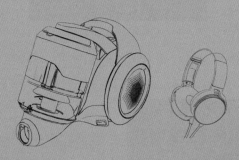

Product Design

电动剃须刀主要用于男性面部护理，高效的电动剃须刀可以让他们快速地完成一次护理享受。优质的电动剃须刀对于刀头和产品形态要求是比较高的，合理的刀头设计让剃须无痕，舒适的产品形态可以适应各种脸型轮廓。

使用Photoshop绘制效果图，如图6-1所示。

电动剃须刀基本是由曲面构成的，造型相对较为简单，但就产品的材质构成而言相对较为复杂，要将不锈钢刀网、金属壳体、磨砂塑料、镀金塑料等材质搭配使用，绘制的过程中要注意把握结构的准确性、光影关系的协调性、材质表达的效果性。

该案例结构大致可分为4个部分，分别为刀网、刀头、壳体、开关按钮等。在绘制过程中需要注意部件之间的衔接和比例关系，根据光影绘制统一的明暗效果，注意对高光的绘制和细节的把控，就可以得到较为完整的表现效果图。

图6-1　电动剃须刀效果表现图

6.1　绘制刀网

01 在工具栏中选择"椭圆工具"，如图6-2所示；设置前景色参数，如图6-3所示；绘制如图6-4所示的椭圆，在"图层"面板中命名为"椭圆1"。

图6-2　椭圆工具

图6-3　拾色器

图6-4　绘制椭圆

02 复制"椭圆1"图层，命名为"椭圆1拷贝"，按住Alt键不放，在"椭圆1"与"椭圆1拷贝"图层之间添加剪贴蒙版，如图6-5所示；将复制的椭圆向上移动，效果如图6-6所示。

图6-5　"图层"面板

图6-6　复制椭圆

03 新建两个图层，命名为"图层1"和"图层2"，按住Alt键，在"图层2"与"图层1"之间添加剪贴蒙版，如图6-7所示；在工具栏中选择"渐变工具"，如图6-8所示；在属性栏中单击色条，弹出"渐变编辑器"对话框，双击色标，弹出"拾色器"对话框，依次设置如图6-9、图6-10所示的区域色彩，并在"图层"面板中依次设置色彩的参数，如图6-11和图6-12所示。

图6-7　"图层"面板

图6-8　渐变工具

图6-9　拾色器1

图6-10　拾色器2

图6-11　"图层"面板1

图6-12　"图层"面板2

04 选择"图层2"，绘制渐变效果，渐变方向如图6-13和图6-14所示。

图6-13　渐变方向

图6-14　效果图

05 选择"文字工具"，如图6-15所示；添加文字"FYCLO"，如图6-16所示；选中"FYCLO"后按快捷键Ctrl+T，右击"FYCLO"文字，在弹出的快捷菜单中选择"斜切"命令，如图6-17所示；效果如图6-18所示。

图6-15　文字工具

图6-16　添加文字

图6-17　斜切

图6-18　斜切效果

06 复制"椭圆1"图层，命名为"椭圆1.1"，将"椭圆1.1"前景色设置为黑色，如图6-19所示；将"椭圆1"调整为如图6-20所示的位置和大小。

07 将"椭圆1""椭圆1拷贝""图层1""图层2""FYCLO"建组，命名为"组1"，如图6-21所示。

图6-19　"图层"面板　　　　　　　图6-20　调整效果　　　　　　　图6-21　创建组

08 新建一个图层，命名为"图层3"，按住Alt键，在"椭圆1.1"与"图层3"图层之间添加剪贴蒙版，设置参数，如图6-22所示；选择"画笔工具"，如图6-23所示；设置前景色参数如图6-24所示；涂抹"椭圆1.1"两侧，效果如图6-25所示。

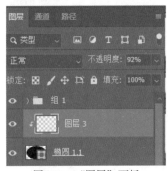

图6-22　"图层"面板　　　　图6-23　画笔工具　　　　　图6-24　拾色器

图6-25　涂抹效果

09 选择"画笔工具"，设置前景色为白色，在"图层3"中涂抹如图6-26所示的位置；效果如图6-27所示。

图6-26 涂抹区域

图6-27 涂抹高光

10 复制"椭圆1.1"图层，命名为"椭圆1.1拷贝2"，如图6-28所示；在"椭圆1.1拷贝2"图层中绘制一个白色椭圆，并调整为如图6-29所示的效果。

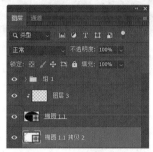

图6-28 "图层"面板

图6-29 绘制图层

11 新建图层并导入素材图，如图6-30所示；命名为"图层4"，如图6-31所示；按住Alt键，在"图层4"与"椭圆1.1拷贝2"之间添加剪贴蒙版，调整素材的位置，效果如图6-32所示。

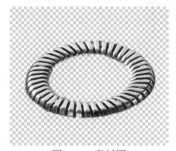

图6-30 素材图

图6-31 "图层"面板

图6-32 调整效果

12 将"椭圆1.1拷贝2"复制，命名为"椭圆1.1拷贝3"，如图6-33所示；双击"图层缩览图"按钮，弹出"拾色器"对话框，设置前景色为黑色，将其调整为如图6-34所示的效果。

图6-33 "图层"面板

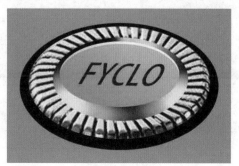

图6-34 调整效果

13 新建一个图层，命名为"图层5"，按住Alt键，在"图层5"与"椭圆1.1拷贝3"之间添加剪贴蒙版，设置参数，如图6-35所示；选择"画笔工具"，设置前景色参数，如图6-36所示；在"椭圆1.1拷贝3"两侧绘制反光效果，如图6-37所示。

图6-35　添加蒙版

图6-36　拾色器

图6-37　反光效果

14 将"椭圆1.1拷贝3"复制，命名为"椭圆1.1拷贝4"，如图6-38所示；选择"画笔工具"，设置前景色参数，如图6-39所示，绘制如图6-40所示的暗部效果；复制"椭圆1.1拷贝4"，命名为"椭圆2"，设置前景色为白色，再复制"椭圆2"，命名为"椭圆2拷贝1"，如图6-41所示；将"椭圆2"与"椭圆2拷贝1"依次移动至如图6-42所示的位置，以此制作高光效果。

图6-38　"图层"面板

图6-39　拾色器

图6-40　暗部效果

图6-41 "图层"面板

图6-42 高光效果

15 复制图层"椭圆1.1拷贝4",命名为"椭圆3",如图6-43所示;将"椭圆3"调整为如图6-44所示的效果;新建一个图层,命名为"图层6",将素材图导入,按住Alt键,在"图层6"与"椭圆3"之间添加剪贴蒙版,如图6-45所示;将"图层6"调整为图6-46所示的效果。

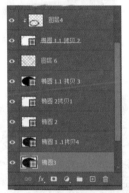

图6-43 "图层"面板

图6-44 调整效果

图6-45 "图层"面板

图6-46 调整效果1

16 复制"椭圆3",命名为"椭圆3拷贝1",将"椭圆3拷贝1"调整为如图6-47所示的效果。

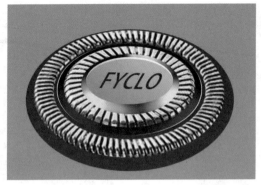

图6-47　调整效果2

17 新建一个图层，命名为"图层7"，如图6-48所示；选择"钢笔工具"，如图6-49所示；绘制需要提亮的高光路径，如图6-50所示；选择"画笔工具"，设置前景色参数，如图6-51所示；右击高光路径曲线，在弹出的快捷菜单中选择"描边路径"命令，如图6-52所示；弹出"描边路径"对话框，设置参数，如图6-53所示。

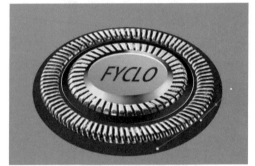

图6-48　"图层"面板　　图6-49　钢笔工具　　　　　　图6-50　绘制路径

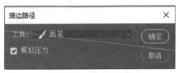

图6-51　拾色器　　　　　　图6-52　描边路径　　　　　图6-53　模拟压力

18 执行菜单"滤镜"|"模糊"|"高斯模糊"命令，在弹出的对话框中设置参数，如图6-54所示；效果如图6-55所示。

图6-54 高斯模糊

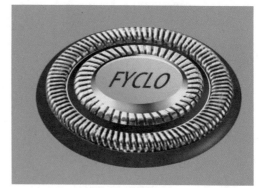

图6-55 模糊效果

19 选择"钢笔工具",绘制路径,如图6-56所示;右击路径曲线,在弹出的快捷菜单中选择"描边路径"命令,如图6-57所示;选择"画笔工具",设置前景色参数,如图6-58所示;执行菜单"滤镜"|"模糊"|"高斯模糊"命令,制作反光效果,如图6-59所示。

图6-56 绘制路径

图6-57 描边路径

图6-58 拾色器

图6-59 反光效果

20 复制"图层7",命名为"图层8",如图6-60所示;按快捷键Ctrl+T,右击反光路径曲线,在弹出的快捷菜单中选择"水平翻转"命令,如图6-61所示;效果如图6-62所示;将所有图层选中,在"图层"面板中建立组,命名为"刀网",如图6-63所示。

图6-60 "图层"面板

图6-61 水平翻转

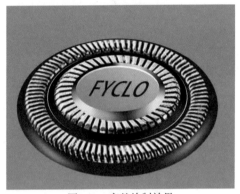

图6-62 完整绘制效果

图6-63 "图层"面板

6.2 绘制刀头

01 复制"刀网"组，命名为"刀网拷贝"和"刀网拷贝2"图层，如图6-64所示；将其依次移动至如图6-65所示的位置。

图6-64 复制图层

图6-65 移动效果

02 选择"钢笔工具"，绘制如图6-66所示的图形，命名为"形状1"图层，选择填充颜色，设置参数，如图6-67所示；将"形状1"调整至如图6-68所示的位置。

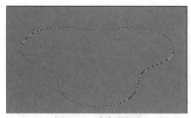
图6-66　底部图形

图6-67　拾色器

图6-68　调整位置

03 新建一个图层，命名为"图层9"，按住Alt键，在"图层9"与"形状1"之间添加剪贴蒙版，如图6-69所示；选择"画笔工具"，设置前景色参数，如图6-70所示；根据光影效果，在"图层9"中绘制刀网下方的过渡颜色，效果如图6-71所示。

图6-69　"图层"面板

图6-70　拾色器

图6-71　过渡颜色

04 新建一个图层，命名为"图层10"，按住Alt键，在"图层10"与"图层9"之间添加剪贴蒙版，如图6-72所示；选择"画笔工具"，设置前景色为白色，在"图层10"中绘制高光效果，如图6-73所示。

图6-72　"图层"面板

图6-73　高光效果

05 复制"形状1"，命名为"形状1拷贝"，按住Alt键，在"形状1拷贝"与"图层10"之间添加剪贴蒙版，如图6-74所示；选择"形状1拷贝"图层，选择"椭圆工具"，如图6-75所示；设置描边参数，如图6-76所示；设置描边颜色参数，如图6-77所示；在"属性"面板中设置"羽化"为3像素，如图6-78所示；效果如图6-79所示。

图6-74　"图层"面板　图6-75　椭圆工具　　　图6-76　设置参数　　　　　图6-77　拾色器

图6-78　"属性"面板　　　　　　　　　图6-79　羽化效果

06 复制"形状1拷贝"，命名为"形状1拷贝1"，如图6-80所示；设置前景色参数，如图6-81所示；设置图层参数，如图6-82所示；效果如图6-83所示。

图6-80　"图层"面板　　　　　　　　图6-81　拾色器

图6-82　设置参数　　　　　　　　　图6-83　效果图

07 选择"钢笔工具"，设置前景色参数，如图6-84所示；绘制如图6-85所示的图形效果，命名为"形状2"图层。

图6-84　拾色器

图6-85　绘制图形

08 在工具栏中选择"矩形工具",如图6-86所示;设置前景色参数,如图6-87所示;绘制矩形,命名为"矩形1",按住Alt键,在"矩形1"与"形状2"之间添加剪贴蒙版,如图6-88所示;设置"羽化"为20像素,移动至如图6-89所示的位置。

图6-86　矩形工具

图6-87　拾色器

图6-88　"图层"面板

图6-89　移动效果

09 复制"矩形1",命名为"矩形2",按住Alt键,在"矩形1"与"形状2"之间添加剪贴蒙版,如图6-90所示;设置前景色参数,如图6-91所示;将"矩形2"移动至如图6-92所示的位置。

图6-90　"图层"面板

图6-91　拾色器

图6-92　移动效果

10 选择"椭圆工具",新建一个椭圆,命名为"椭圆3",按住Alt键,在"椭圆3"与"矩形2"之间添加剪贴蒙版,如图6-93所示;设置前景色参数,如图6-94所示;设置"羽化"为30像素,将其移动至如图6-95所示的位置;将"矩形1""矩形2"复制,命名为"矩形1拷贝""矩形2拷贝",如图6-96所示;将"矩形1拷贝""矩形2拷贝"移动至如图6-97所示的右侧位置。

图6-93 "图层"面板

图6-94 拾色器

图6-95 暗部效果

图6-96 "图层"面板

图6-97 移动效果

11 选择"矩形工具",设置前景色为白色,绘制矩形,命名为"矩形3",按住Alt键,在"矩形3"与"椭圆3"之间添加剪贴蒙版,如图6-98所示;设置参数,如图6-99所示;设置"羽化"为10像素,将"矩形3"移动至如图6-100所示的位置。

图6-98 "图层"面板

图6-99 柔光混合

图6-100 移动位置

12 将"矩形3"多次复制,命名为"矩形3拷贝""矩形3拷贝2""矩形3拷贝3",如图6-101所示;依次调整位置绘制高光效果,如图6-102所示;效果如图6-103所示。

图6-101　"图层"面板　　　　　图6-102　移动位置　　　　　图6-103　调整效果

13 绘制矩形，命名为"矩形4"，按住Alt键，在"矩形4"与"矩形3拷贝3"之间添加剪贴蒙版，复制"矩形4"，命名为"矩形4拷贝""矩形4拷贝2""矩形4拷贝3""矩形4拷贝4""矩形4拷贝5""矩形4拷贝6"，如图6-104所示；移动至如图6-105所示的大小和位置；效果如图6-106所示。

图6-104　"图层"面板　　　　　图6-105　移动位置　　　　　图6-106　移动效果

14 选择"矩形工具"，绘制矩形，命名为"矩形5"，按住Alt键，在"矩形5"与"矩形4拷贝6"之间添加剪贴蒙版，如图6-107所示；设置参数如图6-108所示；设置前景色为白色，效果如图6-109所示；多次复制"矩形5"，命名为"矩形5拷贝""矩形5拷贝2""矩形5拷贝3""矩形5拷贝4""矩形5拷贝5"，如图6-110所示；调整至如图6-111所示的位置；效果如图6-112所示。

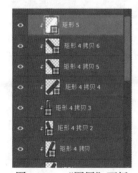

图6-107　"图层"面板　　　　　图6-108　设置参数　　　　　图6-109　绘制图层

图6-110　"图层"面板　　　　图6-111　绘制图层　　　　图6-112　绘制效果

15 将"刀网"组以后的步骤选中，在"图层"面板中建立组，命名为"刀头"，如图6-113所示。

16 在工具栏中选择"钢笔工具"，绘制下层图形，如图6-114所示；将图层命名为"形状3"，如图6-115所示。

图6-113　"图层"面板　　　　图6-114　绘制图形　　　　图6-115　"图层"面板

17 选择"椭圆工具"，设置前景色参数，如图6-116所示；命名为"椭圆4"，按住Alt键，在"椭圆4"与"形状3"之间添加剪贴蒙版，如图6-117所示；设置"羽化"为20像素，调整"椭圆4"至如图6-118所示的位置。

图6-116　拾色器　　　　图6-117　"图层"面板　　　　图6-118　绘制图层

18 复制"椭圆4"，命名为"椭圆4拷贝""椭圆4拷贝2""椭圆4拷贝3"，如图6-119所示；依次移动至如图6-120所示的位置。

19 选择"钢笔工具"，设置前景色参数，如图6-121所示；绘制如图6-122所示的路径；设置"羽化"为20像素，将该图层命名为"矩形6"，按住Alt键，在"矩形6"和"椭圆4拷贝3"之间添加剪贴蒙版，设置参数，如图6-123所示；效果如图6-124所示。

图6-119　"图层"面板

图6-120　移动区域

图6-121　拾色器

图6-122　绘制区域

图6-123　"图层"面板

图6-124　绘制效果

20 选择"椭圆工具"，设置前景色参数，如图6-125所示；将椭圆命名为"椭圆5"，按住Alt键，在"椭圆5"与"矩形6"之间添加剪贴蒙版，如图6-126所示；效果如图6-127所示；复制"椭圆5"图层，依次命名为"椭圆5拷贝""椭圆5拷贝2""椭圆5拷贝3""椭圆5拷贝4""椭圆5拷贝5"，如图6-128所示；将其移动至如图6-129所示的位置；效果如图6-130所示。

图6-125　拾色器

图6-126　"图层"面板

图6-127 绘制图层

图6-128 "图层"面板

图6-129 移动区域

图6-130 移动效果

21 选择"椭圆工具"，绘制椭圆，命名为"椭圆6"，设置前景色参数，如图6-131所示；设置图层参数，如图6-132所示；设置"羽化"为20像素，复制"椭圆6"图层，分别命名为"椭圆6拷贝""椭圆6拷贝2""椭圆6拷贝3"，如图6-133所示；将其移动至如图6-134所示的位置，效果如图6-135所示。

图6-131 拾色器

图6-132 叠加模式

图6-133 复制图层

图6-134 移动区域

图6-135 移动效果

22 选择"椭圆工具",绘制椭圆,命名为"椭圆7",设置前景色为白色,按住Alt键,在"椭圆7"与"椭圆6拷贝3"之间添加剪贴蒙版,复制"椭圆7"图层,分别命名为"椭圆7拷贝""椭圆7拷贝2""椭圆7拷贝3""椭圆7拷贝4",如图6-136所示;将其移动至如图6-137所示的位置;效果如图6-138所示。

图6-136 "图层"面板　　　图6-137 绘制区域　　　图6-138 完成效果

23 复制"形状3"图层,命名为"形状3拷贝",如图6-139所示;选中"形状3拷贝",双击"图层缩览图"按钮■,在弹出的"拾色器"对话框中,设置前景色参数,如图6-140所示;选中"形状3拷贝"图层并右击,在弹出的快捷菜单中选择"栅格化图层"命令,如图6-141所示;单击"锁定透明像素"按钮 锁定:■,如图6-142所示;将"形状3拷贝"向下移动至如图6-143所示的效果。

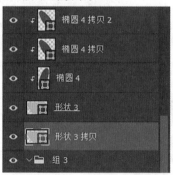

图6-139 "图层"面板　　　　　　　　图6-140 拾色器

图6-141 栅格化图层　　　图6-142 锁定透明像素　　　图6-143 效果图

24 复制"形状3拷贝",命名为"形状3拷贝2",将其移动至"图层"面板最下方,设置参数,如图6-144所示;方法同上,将"形状3拷贝2"颜色填充为白色,并向下移动至如图6-145所示的效果。

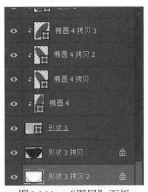

图6-144 "图层"面板

图6-145 效果图

25 新建一个图层，命名为"形状4"，将其移动至图层最上方，如图6-146所示；在属性栏中设置参数，如图6-147所示；设置描边颜色为白色，选择"钢笔工具"，绘制如图6-148所示的刀头边缘厚度亮部；效果如图6-149所示。

图6-146 "图层"面板

图6-147 钢笔参数

图6-148 绘制路径

图6-149 效果图

26 复制"形状4"，命名为"形状4拷贝"，如图6-150所示；设置描边颜色参数，如图6-151所示；将其向下移动，绘制刀头边缘厚度暗部，效果如图6-152所示；将"图层"面板中的混合模式设置为"叠加"，如图6-153所示；在属性栏中设置描边大小为5像素，如图6-154所示；效果如图6-155所示。

27 将"刀头"组之后的步骤选中，在"图层"面板中创建新组，命名为"刀头2"，如图6-156所示。

图6-150　"图层"面板

图6-151　拾色器　　　　　　　　　图6-152　效果图

图6-153　混合模式

图6-154　描边大小

图6-155　效果图

图6-156　图层建组

6.3　绘制壳体

01 选择"钢笔工具"，设置前景色参数，如图6-157所示；新建一个图层，命名为"形状5"，绘制握柄形状，如图6-158所示；在"形状5"图层上方新建一个图层，命名为"形状6"，设置前景色参数，如图6-159所示；绘制如图6-160所示的效果。

图6-157　拾色器

图6-158　绘制图形

图6-159　拾色器

图6-160　绘制图形

02 新建一个图层，命名为"形状7"，选择"钢笔工具"，绘制如图6-161所示的路径；建立图层蒙版，如图6-162所示；选择"画笔工具"，设置前景色为黑色，涂抹两侧过渡部分，如图6-163所示；按住Alt键不放，在"图层11"与"形状7"之间添加剪贴蒙版，如图6-164所示；选择"加深工具"，在"图层11"中表现出如图6-165所示的明暗变化。

图6-161　绘制路径

图6-162　"图层"面板

图6-163　两侧过渡

图6-164　"图层"面板

图6-165　明暗变化

03 复制"形状7"，命名为"形状7拷贝"，如图6-166所示；将其向下移动至如图6-167所示的位置；新建一个图层，命名为"图层12"，按住Alt键，在"图层12"与"形状7拷贝"之间添加剪贴蒙版，如图6-168所示；选择"加深工具"进行涂抹，在"图层12"中表现出如图6-169所示的过渡关系。

图6-166　复制图层

图6-167　向下移动

图6-168　新建图层

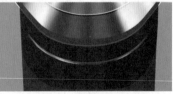

图6-169　表现过渡关系

04 将"图层11""图层12""形状7""形状7拷贝"建组，命名为"凹槽"，将"凹槽"复制，命名为"凹槽2"和"凹槽3"，如图6-170所示；移动至如图6-171所示的位置，将"凹槽2""凹槽3"建组，命名为"凹槽"，如图6-172所示。

图6-170　建组

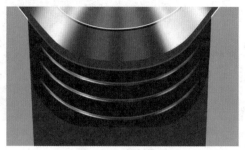

图6-171　复制排列

图6-172　建组

05 选择"钢笔工具",绘制如图6-173所示的路径,命名为"形状8",新建"图层13",按住Alt键,在"图层13"与"形状8"之间添加剪贴蒙版,如图6-174所示;选择"渐变工具",设置黑色到白色的渐变颜色,渐变方向如图6-175所示;效果如图6-176所示;复制"形状8"图层,命名为"形状8拷贝",如图6-177所示;将"形状8"移动至两侧,效果如图6-178所示。

图6-173　绘制高光

图6-174　添加蒙版

图6-175　渐变方向

图6-176　高光效果

图6-177　复制图层

图6-178　移动高光图形

06 复制"形状6",命名为"形状6拷贝",如图6-179所示;设置前景色为白色,将"形状6拷贝"移动至如图6-180的位置;建立图层蒙版,选择"渐变工具",设置黑色到白色的渐变颜色,将两侧向中间过渡,如图6-181所示;效果如图6-182所示。

图6-179 复制图层

图6-180 移动填充

图6-181 过渡效果

图6-182 渐变效果

07 新建一个图层，命名为"图层14"，按住Alt键，在"图层14"与"形状5"之间添加剪贴蒙版，如图6-183所示；选择"渐变工具"，设置参数，如图6-184所示。

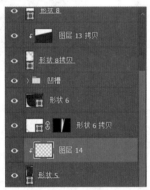

图6-183 "图层"面板

图6-184 改变渐变颜色

08 选择"形状5"图层，依次由左向右制作白色渐变效果，如图6-185所示；由右向左制作黑色渐变效果(单击□更改颜色为黑色)，如图6-186所示；设置参数如图6-187所示；将"形状5"的前景色设置为深褐色，改变色彩倾向，设置参数，如图6-188所示；效果如图6-189所示。

图6-185 由左向右

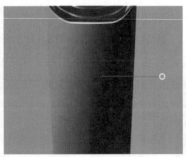

图6-186 由右向左

图6-187 设置参数

图6-188 拾色器

图6-189 效果图

09 新建图层，选择"矩形工具"，绘制圆角矩形，命名为"矩形7"，如图6-190所示；绘制效果如图6-191所示；按快捷键Ctrl+T，并右击矩形轮廓线，在弹出的快捷菜单中选择"透视"命令，如图6-192所示；拖动图形进行调整，效果如图6-193所示；设置图层的不透明度为20%，效果如图6-194所示。

图6-190 "图层"面板

图6-191 绘制圆角矩形

图6-192 "透视"命令

图6-193 透视效果

图6-194 不透明效果

10 选择"矩形7"，建立图层蒙版，设置参数，如图6-195所示；选择"渐变工具"，由右向左制作黑色到白色的渐变，如图6-196所示；效果如图6-197所示。

图6-195　"图层"面板　　　　图6-196　为握柄添加渐变　　　　图6-197　渐变效果

11 新建图层，选择"钢笔工具"，绘制反光效果，命名为"形状9"，如图6-198所示；绘制如图6-199所示的路径作为高光区；设置其不透明度为40%，建立图层蒙版，如图6-200所示；使用"渐变工具"，设置黑色到白色的渐变，渐变方向如图6-201所示；效果如图6-202所示。

图6-198　"图层"面板　　　　图6-199　绘制路径　　　　图6-200　设置参数

图6-201　渐变方向　　　　　　图6-202　完成效果

12 选择"钢笔工具",设置前景色为黑色,命名为"形状10",如图6-203所示;绘制高光细节,效果如图6-204所示。

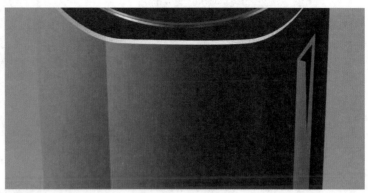

图6-203 "图层"面板 　　　　　　　　　　　　图6-204 细节效果

13 选择"钢笔工具",绘制如图6-205所示的路径,命名为"形状12",如图6-206所示;设置其不透明度为70%,设置前景色参数,如图6-207所示。

图6-205 绘制路径 　　　图6-206 "图层"面板 　　　　　图6-207 拾色器

14 建立图层蒙版,如图6-208所示;选择"渐变工具",制作黑色到白色的渐变,以添加细节,渐变方向如图6-209所示;效果如图6-210所示。

图6-208 建立图层蒙版 　　　图6-209 渐变方向 　　　图6-210 渐变效果

15 选择"钢笔工具",绘制如图6-211所示的路径;新建一个图层,命名为"形状13",如图6-212所示;建立图层蒙版,选择"渐变工具",制作黑色到白色的渐变,渐变方向如图6-213所示;方法同上,制作其他高光效果,如图6-214所示。

图6-211 绘制图形

图6-212 新建图层

图6-213 渐变方向

图6-214 效果图

16 选择"形状5",按住Ctrl键单击图层缩略图,选中如图6-215所示的区域;新建一个图层,命名为"渐变",按住Alt键不放,在"渐变"与"形状5"图层之间添加剪贴蒙版,如图6-216所示;选择"渐变工具",设置渐变颜色为黑色到白色,自下而上地调节颜色过渡,效果如图6-217所示。

图6-215 建立选区

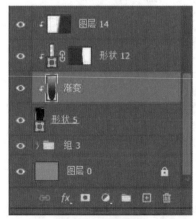

图6-216 设置渐变

图6-217 效果图

17 将"形状5"复制，命名为"形状5拷贝"，如图6-218所示；设置前景色参数，如图6-219所示；按快捷键Ctrl+T，将"形状5拷贝"图层调整至如图6-220所示的效果；新建一个图层，命名为"外壳1"，按住Alt键不放，在"外壳1"与"形状5拷贝"图层之间添加剪贴蒙版，如图6-221所示。

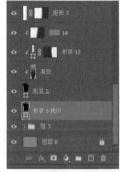

图6-218 复制图形　　　图6-219 拾色器　　　图6-220 调整效果　图6-221 添加蒙版

18 选择"画笔工具"，设置前景色参数，如图6-222所示；选择"外壳1"图层，绘制握柄外壳上下两侧的过渡效果，如图6-223所示；选择"画笔工具"，设置参数，如图6-224所示；绘制两侧中间的高光效果，效果如图6-225所示。

图6-222 拾色器　　　图6-223 深色部分　　　图6-224 拾色器　　　图6-225 高光效果

19 选择"画笔工具"，设置参数，如图6-226所示；绘制如图6-227所示的金属质感。

图6-226 拾色器　　　　　　图6-227 表现质感

20 复制"形状5拷贝"，命名为"形状5拷贝2"，双击"图层缩览图"按钮，弹出

"拾色器"对话框,设置前景色参数,如图6-228所示;调整至如图6-229的效果;新建一个图层,命名为"图层15",按住Alt键,在"形状5拷贝2"与"图层15"之间添加剪贴蒙版,如图6-230所示;选择"画笔工具",设置参数,如图6-231所示;在"图层15"中绘制如图6-232的效果。

图6-228 拾色器

图6-229 调整效果

图6-230 添加蒙版

图6-231 拾色器

图6-232 效果图

21 复制"形状5拷贝2",命名为"形状5拷贝3",如图6-233所示;双击"图层缩览"按钮■,弹出"拾色器"对话框,设置前景色参数,如图6-234所示;将"形状5拷贝3"调整至如图6-235所示的效果。

图6-233 "图层"面板

图6-234 拾色器

图6-235 效果图

22 新建一个图层，命名为"图层16"，按住Alt键，在"图层16"与"形状5拷贝3"之间添加剪贴蒙版，如图6-236所示；选择"画笔工具"，设置前景色参数，如图6-237所示；在"图层16"中绘制两侧的过渡颜色，效果如图6-238所示。

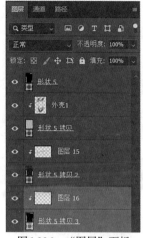

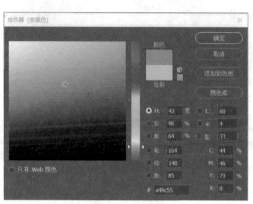

图6-236 "图层"面板　　　　　　图6-237 拾色器　　　　　　图6-238 过渡效果

23 新建一个图层，命名为"椭圆8"，选择"椭圆工具"，绘制一个椭圆，按住Alt键，在"椭圆8"与"图层16"之间添加剪贴蒙版，如图6-239所示；在"图层"面板中，设置混合模式为"柔光"，效果如图6-240所示；复制"椭圆8"，命名为"椭圆8.1"，如图6-241所示；将"椭圆8.1"移动至如图6-242所示的位置。

图6-239 "图层"面板　　图6-240 柔光效果　　图6-241 "图层"面板　　图6-242 移动位置

24 新建图层，命名为"形状16"，选择"钢笔工具"，在属性栏中设置参数，如图6-243所示；设置描边颜色参数，如图6-244所示；绘制如图6-245所示的路径；设置其不透明度为70%，复制"形状16"，命名为"形状16拷贝"，如图6-246所示。

图6-243 设置参数

图6-244　拾色器

图6-245　绘制路径

图6-246　"图层"面板

25 按快捷键Ctrl+T，并右击路径曲线，在弹出的快捷菜单中选择"水平翻转"命令，如图6-247所示；移动位置，效果如图6-248所示；在"图层"面板中，将混合模式设置为"线性减淡(添加)"，效果如图6-249所示。

图6-247　水平翻转

图6-248　移动效果

图6-249　效果图

6.4　绘制开关按钮

01 选择"椭圆工具"，设置前景色参数，如图6-250所示；新建一个图层，命名为"椭圆9"，如图6-251所示；绘制如图6-252所示的圆形。

图6-250　拾色器

图6-251　"图层"面板

图6-252　绘制圆形

02 新建一个图层，命名为"图层17"，按住Alt键，在"图层17"与"椭圆9"图层之间添加剪贴蒙版，如图6-253所示；选择"画笔工具"，设置前景色参数，如图6-254所示；选择"图层17"，绘制如图6-255所示的阴影部分。

图6-253　"图层"面板　　　　图6-254　拾色器　　　　　　　图6-255　效果图

03 复制"椭圆9"，命名为"椭圆9拷贝"，将其移动至图层最上层，如图6-256所示；选择"椭圆工具"，在属性栏中设置参数，如图6-257所示；设置前景色为白色，效果如图6-258所示；选择"椭圆9拷贝"图层，在"图层"面板中，设置混合模式为"柔光"、"羽化"为5像素，效果如图6-259所示。

图6-256　图层拷贝

图6-257　设置参数

图6-258　效果图1　　　　　　　　　图6-259　效果图2

04 复制"椭圆9拷贝"，命名为"椭圆9拷贝2"，新建一个图层，命名为"图层18"，按住Alt键，在"图层18"与"椭圆9拷贝2"之间添加剪贴蒙版，如图6-260所示；选择"画笔工具"，设置前景色参数，如图6-261所示；绘制如图6-262所示的效果。

图6-260　"图层"面板　　　　图6-261　拾色器　　　　　　　图6-262　羽化效果

05 复制"椭圆9拷贝2",命名为"椭圆9拷贝3",如图6-263所示;调整至如图6-264所示的效果;新建一个图层,命名为"图层19",按住Alt键,在"图层19"与"椭圆9拷贝3"之间添加剪贴蒙版,如图6-265所示;选择"画笔工具",设置前景色参数,如图6-266所示;绘制如图6-267所示的开关按钮暗部效果。

图6-263 "图层"面板

图6-264 调整位置

图6-265 "图层"面板

图6-266 拾色器

图6-267 效果图

06 选择"画笔工具",设置前景色为白色,绘制如图6-268所示的高光效果;复制"椭圆9拷贝3",命名为"椭圆9拷贝4",如图6-269所示;双击"椭圆9拷贝4"的"图层缩览图"按钮 ,在弹出的"拾色器"对话中,设置前景色为黑色,将其移动至如图6-270所示的位置。

图6-268 高光效果

图6-269 "图层"面板

图6-270 绘制效果

07 复制"椭圆9拷贝4"，命名为"椭圆9拷贝5"，如图6-271所示；双击"图层缩览图"按钮▣，在弹出的"拾色器"对话框中，设置前景色为白色，将其调整至如图6-272所示的效果；新建一个图层，命名为"图层20"，按住Alt键，在"图层20"与"椭圆9拷贝5"之间添加剪贴蒙版，如图6-273所示。

图6-271　图层设置

图6-272　绘制效果

图6-273　图层设置

08 选择"画笔工具"，设置前景色参数，如图6-274所示；在"图层20"中绘制两侧的过渡效果，如图6-275所示；选择"钢笔工具"，设置前景色参数，如图6-276所示；绘制如图6-277所示的效果。

图6-274　拾色器

图6-275　绘制效果

图6-276　拾色器

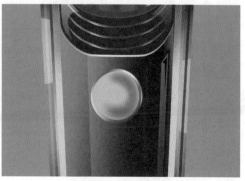

图6-277　绘制效果图

09 选择"文字工具",添加文字"KO FYCLO""SYT.230",如图6-278所示。

图6-278　效果图

6.5　调整高光

选择"图层0"图层,选择"油漆桶工具",设置前景色参数,如图6-279所示;选择"椭圆工具",绘制一个如图6-280所示的黑色椭圆,设置"羽化"为60像素,移动其位置,制作阴影效果,最终效果如图6-281所示。

图6-279　拾色器

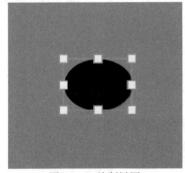

图6-280　绘制椭圆

图6-281　最终效果

6.6　本章小结

对于电动剃须刀这类复杂产品的绘制,产品的形态曲面绘制较为简单,但其光影效果的表现比较难以把握,这需要设计者对产品的明暗关系有正确的认识,熟练掌握剪贴蒙版和运用图层的混合模式能让建立光影效果的过程变得十分便捷高效,同时对于机身和开关按钮细节处的表现也不能马虎,零散的小细节需要分别绘制,虽然过程并不复杂,但需要注意的位置和数量繁多,需要有足够的耐心。有一点需要注意的就是图层关系的处理,有的初学者可能觉得比较麻烦,但是能主动地控制好图层,才会使产品表现的效果更佳。

通过设计与表现电动剃须刀产品可以看出,材质的表现可能会通过多种步骤的叠加来完成,通过多种调节方式才能达到较为满意的效果。所以,设计者务必要保持足够的耐心去多学习和练习,才能提升能力,增强信心。

第 7 章

头戴式耳机设计表现

主要内容：讲解头戴式耳机的设计表现方法，包括头戴式耳机的形态表现、后期的产品细节表现，以及材质和光影的表现方法。

教学目标：通过对本章案例的学习，使读者对不同的产品形态和结构表现有较为全面的理解，在表现过程中掌握产品结构处理的方式和方法。

学习要点：熟悉头戴式耳机的结构表现方法，熟练运用制作工具。

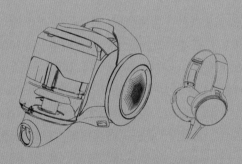

Product Design

头戴式耳机是指戴在头上，并非插入耳道内的耳机。头戴式耳机拥有非凡的音质——真实、清晰、包围感，它能让人们感受音乐的美妙。PRO系列耳机不仅拥有"强劲的低音"，更能重现各种音乐的风格。

头戴式耳机的最终效果如图7-1所示。其表现重点如图7-2所示。

头戴式耳机的构成轮廓线基本全是曲线，这也在无形间增加了效果图绘制的难度。从整体来看，这类产品的材质构成也相对更加复杂，要将皮革、海绵耳套、金属外壳和电镀塑料管等材质搭配使用，在绘制过程中注意把握结构线条的准确性、光影关系的协调性和材质表现的精细性。

图7-1　头戴式耳机效果表现图

图7-2　头戴式耳机的表现重点

该案例结构大致可分为6个部分，分别为黑色海绵耳套、黑色磨砂塑料外壳、银色金属外壳、黑色高反光塑料连接件、淡金色皮革头带和电镀高反光线管等。在绘制过程中需要注重不同部件间的紧密衔接和统一的明暗关系，再点缀适当的细节，就可以得到较为完整的表现效果图。

7.1　绘制轮廓线

01 打开 Photoshop 软件，按快捷键Ctrl+N，在弹出的"新建文档"对话框中，设置文件的"宽度"为28厘米、"高度"为30厘米、"分辨率"为300像素/英寸，并将其命名为"头戴式耳机"，设置"颜色模式"为"RGB颜色"，如图7-3所示。

02 新建一个图层，命名为"轮廓线"，如图7-4所示；使用"钢笔工具"绘制耳机的外部轮廓，设置"画笔工具"参数，设置画笔大小为4像素。右击轮廓线，在弹出的快捷菜单中选择"描边路径"命令，如图7-5所示；在弹出的"描边路径"对话框中选择"画笔"选项，单击"确定"按钮。按Backspace键删除钢笔路径，如图7-6至图7-9所示。

> **提示**
>
> 使用"钢笔工具"勾画耳机的外轮廓时，使用尽量少的锚点。头戴式耳机的轮廓曲线流畅、自然，设计者很难一次性完成绘制，且很难把握透视关系和比例尺度，所以在绘制效果图前，一定要将事先手绘的草图或原图置于"轮廓线"图层下，这样可以节省大量的时间。虽然这是基础的步骤，但要保证绘制形状的准确性，为后续的步骤提供便利。

图7-3 新建文件　　　　图7-4 新建图层　　　　图7-5 描边路径

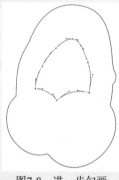

图7-6 勾画钢笔路径　　图7-7 描边路径效果　　图7-8 进一步勾画　　图7-9 完成外轮廓

03 在上一步的基础上，绘制头戴式耳机的内部结构线，如图7-10所示；使用"钢笔工具"绘制内部主要结构线，设置描边宽度为3像素，内部结构线越明晰，后续绘制步骤会越明确，详细过程如图7-11和图7-12所示。

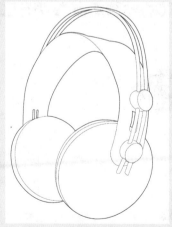
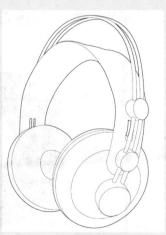

图7-10 绘制内部结构线1　　图7-11 绘制内部结构线2　　图7-12 绘制内部结构线3

7.2 绘制海绵耳套

本节绘制材质表现最复杂的海绵部分，先解决较难的部分，后面的步骤就相对简单了。

01 按快捷键Ctrl+J建立新图层，命名为"海绵耳套"。使用"钢笔工具"勾画绘制部件的路径。该部件的形状较为复杂，注意调整曲线，使其流畅、自然，效果如图7-13所示。

02 在上一步勾画路径的基础上，右击路径曲线，在弹出的快捷菜单中选择"建立选区"命令，如图7-14

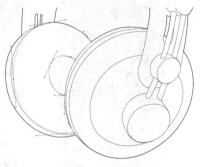

图7-13 勾画钢笔路径

所示；在"建立选区"对话框中，设置"羽化半径"为2像素，按Backspace键删除路径。为选区填充深黑灰色，色值为 (CMYK:80 70 70 45)，也可以自行调节，直至达到理想的效果，如图7-15所示。

图7-14 建立选区

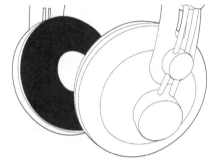

图7-15 填充选区

03 对填充的选区设置近似海绵材质的纹理效果。执行菜单"滤镜"|"滤镜库"命令，在弹出的对话框中选择"纹理"|"纹理化"选项，在"纹理化"窗口右侧设置"缩放"为150%、"凸现"为15，取消勾选"反相"复选框，单击"确定"按钮，具体操作如图7-16和图7-17所示；完成效果如图7-18所示。

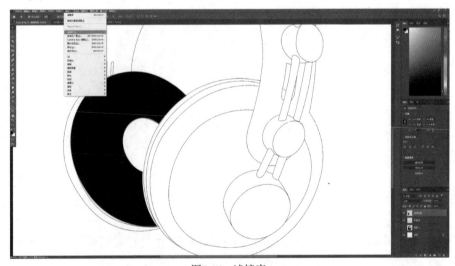

图7-16 滤镜库

图7-17　"纹理化"滤镜

04 上一步建立的图形只有横向的纹理，现在要做的是将图形赋予竖向的纹理形变。执行菜单"滤镜"|"模糊"|"动感模糊"命令，如图7-19所示；在"动感模糊"对话框中，设置"角度"为90度、"距离"为15像素，如图7-20所示；添加滤镜效果，如图7-21所示。

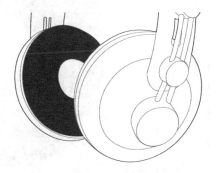

图7-18　纹理化滤镜处理效果

图7-19　动感模糊

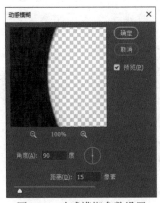

图7-20　动感模糊参数设置

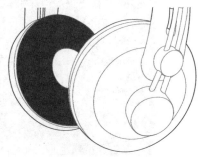

图7-21　动感模糊效果

05 之前的滤镜只是为图层添加了网状效果，但材质颗粒表现感不强。在不取消选区的前提下，在原图层上建立一个新图层，命名为"海绵耳套 2"，如图7-22所示；在该图层上将保留的选区填充深黑灰色 (CMYK:85 80 80 70)，效果如图7-23所示；设置前景色为黑色、背景色为白色。执行菜单"滤镜"|"滤镜库"命令，在弹出的对话框中选择"素描"|"网状"选项，在窗口右侧设置"密度"为15、"前景色阶"为30、"背景色阶"为10，如图7-24所示。

图7-22　新建图层

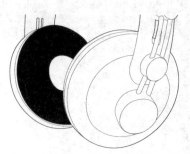

图7-23　填充深黑灰色

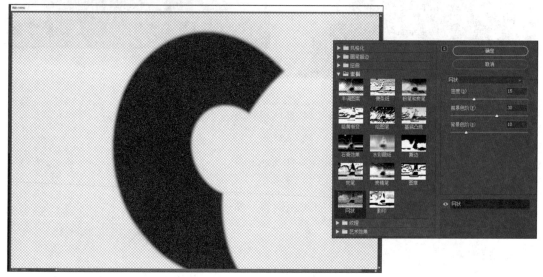

图7-24　"网状"滤镜

06 在"图层"面板中，单击"海绵耳套2"，设置该图层的"混合模式"为"叠加"、图层"不透明度"为80%，参数设置如图7-25所示，效果如图7-26所示。

图7-25　更改混合模式

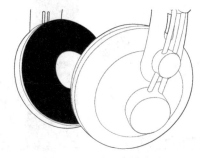

图7-26　更改混合模式效果

07 选择"海绵耳套"并双击，为该图层添加图层样式。如图7-27所示，为图层添加三层内阴影效果。Photoshop的一大特点就是图层样式可以任意堆叠，实现复杂的效果，按图7-28至图7-30所示进行参数设置，注意设置图层"混合模式"为"叠加"、"颜色"为白色、"不透明度"为30%、最上层"角度"为120度，取消勾选"使用全局光"复选框，设置"距离"为

150像素、"大小"为125像素。这些参数也可以自己多尝试，查看不同的效果。下面两层图层样式的差别是"角度"分别为120度和-150度，完成效果如图7-31所示。

图7-27　双击图层

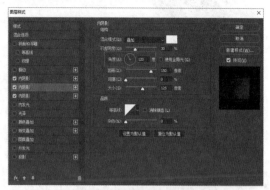

图7-28　图层样式参数设置

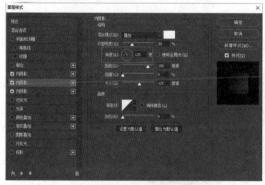

图7-29　第二层参数设置

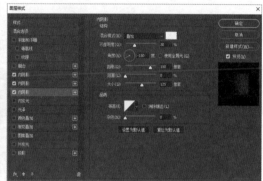

图7-30　第三层参数设置

08 按住Ctrl键不放，单击海绵耳套的两个图层并右击，在弹出的快捷菜单中选择"合并图层"命令，在新合并的图层下方建立一个新的图层，在新图层上绘制如图7-32所示的钢笔路径并建立选区，填充深黑灰色 (CMYK:90 90 90 90)，如图7-33所示。重复前几步操作，然后为该选区添加"纹理化""动感模糊"和"网状"效果，填充色调变暗一些，使用"网状"滤镜，设置前景色为黑色，背景色为中灰色，高斯模糊半径为2像素，完成效果如图7-34所示。海绵耳套的基本效果就表现出来了，最后将图层合并为一个图层，命名为"海绵耳套"。

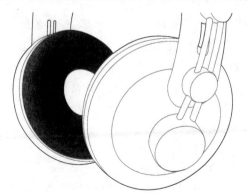

图7-31　添加图层样式效果

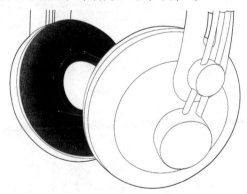

图7-32　绘制钢笔路径

143

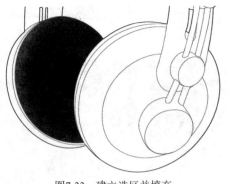

图7-33 建立选区并填充

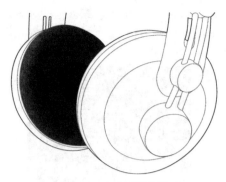

图7-34 多个滤镜效果

7.3 绘制黑色磨砂塑料外壳

磨砂塑料在前几章的产品表现中多次运用，大致过程是先勾画路径，建立选区，填充黑灰色，然后添加杂色，最后进行高斯模糊。当然这样表现的面会很平，需要使用"加深工具"和"减淡工具"调节明暗关系，具体操作如下。

01 新建一个图层，命名为"磨砂塑料外壳"，将该图层置于"海绵耳套"图层下方，建立如图7-35所示的选区，设置"羽化"为2像素，并填充深黑色，如图7-36所示。

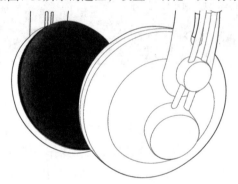

图7-35 建立选区

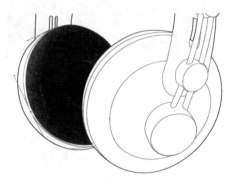

图7-36 建立选区并填充

02 勾画如图7-37所示的路径，转换为选区，设置"羽化"为2像素，填充黑灰色(CMYK:80 75 75 60)，如图7-38所示。对该选区执行菜单"滤镜"|"杂色"|"添加杂色"命令，在"添加杂色"对话框中，设置"数量"为5%，选择"平均分布"单选按钮，勾选"单色"复选框（很重要），完成效果如图7-39至图7-41所示。使用"加深工具"和"减淡工具"对选区进行涂抹，图案色调偏暗，涂抹时将工具参数范围设置为"阴影"，尽量使用较粗的画笔，完成效果如图7-42所示。

> **提示**
>
> 使用Photoshop中的画笔涂抹工具时，设计者可以将色彩学和绘画的知识迁移，使用画笔要像在纸上涂抹水粉或水彩一样，每一笔都要快速、准确，不同的是以前用的是画笔，现在用的是鼠标，但是绘图的方法是一样的。另外，Photoshop还有一个真实世界无法比拟的功

能，就是具有撤销的功能，因此设计者可以尝试所有可能，并挑选一个效果最好最适合自己的方式。

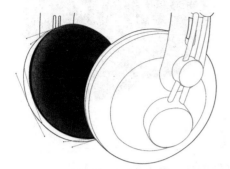

图7-37 勾画钢笔路径

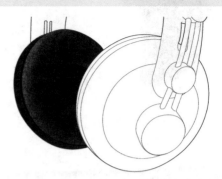

图7-38 建立选区并填充

图7-39 添加杂色

图7-40 添加杂色参数设置

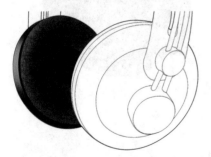

图7-41 添加杂色效果

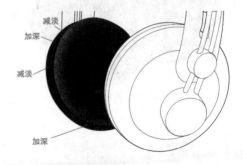

图7-42 加深减淡涂抹光影关系

03 使用与上一步相同的方法，对相同材质的其他区域进行绘制，效果如图7-43所示。

04 重复相同的操作，对同一材质的其他区域进行绘制，效果如图7-44所示。同时可以将"轮廓线"图层移至最顶端，以免被其他图层遮挡。

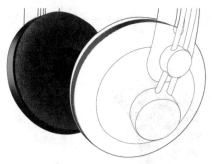

图7-43　绘制其他区域1

图7-44　绘制其他区域2

05 建立如图7-45所示的选区，设置"羽化"为添加数值像素，填充黑色。

06 在上一步的选区边沿建立如图7-46所示的环形选区，填充灰色 (CMYK:80 75 80 60)，然后应用添加杂色和高斯模糊滤镜("半径"为1像素)，再使用"加深工具"和"减淡工具"进行涂抹，完成效果如图7-47所示。

图7-45　建立选区并填充

图7-46　建立环形选区并填充

图7-47　涂抹明暗关系

07 建立如图7-48所示的月牙形选区，填充较上一步颜色更深的灰色作为侧边，添加杂色，设置高斯模糊为1像素，再使用"加深工具"和"减淡工具"对选区进行涂抹，两侧深色，中间浅色，效果如图7-49所示，此类材质表现基本完成。

图7-48　建立月牙形选区并填充

图7-49　明暗关系涂抹

7.4　绘制银色金属外壳

银色金属外壳的表现是十分常见的，也比较简单。其中的重点就是进行加深和减淡涂抹，强化明暗关系的对比。

01 新建一个图层，命名为"银色金属外壳"。建立形状准确的选区，填充适当的浅灰色，效果如图7-50所示。执行"添加杂色"操作，设置"数量"为2%，再执行"高斯模糊"

操作，设置"半径"为2像素。最后涂抹恰当的明暗关系，如图7-51所示。

02 建立如图7-52和图7-54所示的月牙形选区，执行与上一步相同的操作。注意把握明暗关系，并确保形状的准确和线条的流畅，使用"钢笔工具"进行绘制，锚点尽可能少，金属外壳的表现基本完成，如图7-53和图7-55所示。

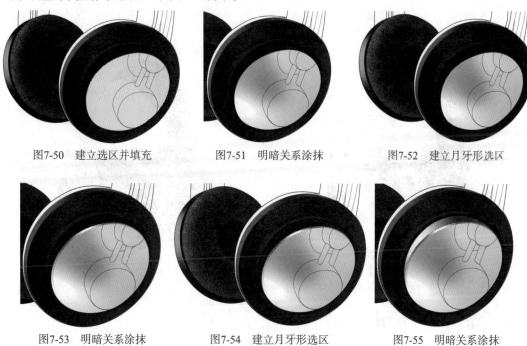

图7-50　建立选区并填充　　　　　　图7-51　明暗关系涂抹　　　　　　图7-52　建立月牙形选区

图7-53　明暗关系涂抹　　　　　　图7-54　建立月牙形选区　　　　　　图7-55　明暗关系涂抹

7.5　绘制皮革部分

01 新建一个图层，命名为"皮革"。皮革部分分为正反两面，建立如图7-56所示的选区，填充米黄色 (CMYK:12 12 20 0)。执行菜单"选择"|"修改"|"收缩"命令，在弹出的对话框中，设置"收缩量"为10像素。执行菜单"选择"|"反选"命令或者按快捷键Shift+Ctrl+I进行反选。使用"加深工具"涂抹左侧至如图7-57所示的效果，让皮革显得有厚度。

图7-56　建立选区并填充　　　　　　　　　　　图7-57　加深边界

02 绘制皮革背面部分。建立如图7-58所示的选区并填充深黑灰色。使用与上一步相同的操作，对边界进行加深处理，提升厚度感，效果如图7-59所示；对整个"皮革"图层进行添加杂色处理，设置"数量"为5%(取消勾选"单色"复选框)，再进行高斯模糊处理，设置"半径"为2像素。注意把握整体的明暗对比，细节部分暂时不用处理，皮革部分大致效果已经完成。

图7-58　建立选区并填充　　　　　　　　　　图7-59　明暗关系涂抹

7.6　绘制高反光塑料

高反光塑料部分的表现过程与之前基本相同，填充深色的同时进行初步的明暗关系处理。但是因为这一部分比较光滑，不需要添加杂色和高斯模糊处理。

01 新建一个图层，命名为"高反光塑料"，建立如图7-60所示的选区并填充颜色(CMYK:75 70 80 45)，按照如图7-61所示对该选区进行加深和减淡处理。

图7-60　建立选区并填充　　　　　　　　　　图7-61　明暗关系涂抹

02 绘制产品的过程都很简单，但需要多次重复，耐心重复之前的操作，对如图7-62和图7-63所示区域进行绘制。

03 完成如图7-64和图7-65所示的侧边细节，具体操作都是先建立椭圆形选区，再填充颜色(CMYK:66 68 78 29)。

图7-62 绘制侧边高光塑料

图7-63 重复基本操作

图7-64 建立选区并填充

图7-65 重复上一步操作

04 最后剩余的主要部分为塑料线管，基本方法依旧是建立选区并填充，可以适当减淡涂抹边沿，绘制过程如图7-66至图7-69所示。

图7-66 绘制线管1

图7-67 绘制线管2

图7-68 绘制线管3

图7-69 绘制线管4

7.7 补充细节

至此耳机主体部分已经完成，但仍需补充一些细节。

01 选择"海绵耳套"图层，建立如图7-70所示的月牙形选区，并填充黑色。

02 上一步中建立的选区反光并不强烈，不用赋予很强的材质感，进行添加杂色和高斯模糊处理即可，数值可自行尝试，对中间进行减淡涂抹处理。

03 去除绘制图案中多余的部分，选中"金属外壳"图层，建立如图7-71所示的选区，按Backspace或Delete键删除这一部分图像，效果如图7-72所示。

图7-70　建立选区并填充　　　　图7-71　建立选区　　　　图7-72　删除图像

04 重复上一步的操作，对如图7-73至图7-75所示区域图像进行抠除。注意选择相对应的图层。

图7-73　抠除图像1　　　　图7-74　抠除图像2　　　　图7-75　抠除图像3

05 为耳机添加如图7-76标注的被遮挡处的阴影。大致有两种方法：一种是新建图层，建立选区并填充渐变，然后改变图层透明度(或者改变混合模式为"正片叠底")；另一种是建立选区后使用"加深工具"和"减淡工具"对选区进行涂抹，这两种方法在前几章被广泛使用，可以根据自己的喜好选用。

06 新建如图7-77所示的选区，设置"羽化"为30像素，填充一个由黑到深灰的线性渐变，然后为图层添加一个由白到黑的径向渐变蒙版，效果如图7-78和图7-79所示。

07 添加高光的方法与添加阴影的方法完全一致，只是将其中的黑色变成白色。如图7-80和图7-81是为图像添加高光，效果的控制取决于对图层蒙版渐变的添加。

图7-76 添加阴影

图7-77 建立选区并填充渐变

图7-78 添加蒙版

图7-79 阴影完成效果

图7-80 建立选区并填充

图7-81 添加图层蒙版

08 将高光效果按照图7-82所示进行添加，注意边缘处的高光，这一类型的高光过多，在此不再赘述，设计者可自行调节，效果如图7-83所示。

图7-82 添加高光

图7-83 高光效果

09 耳机的基本表现已经完成，接下来需要为皮革部分添加细节。在"皮革"图层上方新建一个图层。使用"钢笔工具"勾画路径，然后使用画笔描边路径绘制如图7-84所示的曲线，设置画笔大小为10像素，最后为图层添加蒙版，创建线性渐变，让曲线实现上浅下深的效果，如图7-85所示。

图7-84　绘制曲线

图7-85　添加蒙版

10 设置图层的不透明度为50%，使用"橡皮擦工具"擦除曲线上的部分线段至如图7-86所示的效果，使用相同的方法，对剩余部分的图像进行绘制，完成的效果如图7-87所示。方法虽然简单，但是过程较为烦琐，设计者要多花些时间，细心谨慎地完成，使用"加深工具"对绘制线条右侧的皮革部分进行加深涂抹，最终效果如图7-88所示。

图7-86　绘制细节

图7-87　完成效果

图7-88　皮革装饰效果

11 皮革的反面和正面一样，也是不平整的，同样需要建立选区(注意羽化一定像素)，进行加深简单涂抹处理，以突显效果，如图7-89所示；建立选区并进行加深涂抹，完成的效果如图7-90所示。

图7-89　建立选区并加深涂抹

图7-90　细化皮革背面效果

12 为耳机添加标志，对于添加的字母，设计者也可自由发挥。选中所有图层，按快捷键Ctrl+G编在一个组内。再复制这个组，将原组隐藏，方便修改，复制的组合并为一个图层。使用"模糊工具"模糊处理边界，更具真实感，为整体添加一个阴影效果，最终效果如图7-91所示。

图7-91　最终效果

7.8　本章小结

本章通过对头戴式耳机的效果图绘制，讲解一些软性材料的绘制方法，同时复习和巩固金属、塑料等之前学习过的绘制方法及技巧。本章的难点在于海绵材质的体现，这类效果无法通过单一滤镜表现，需要多个滤镜的叠加使用，这一过程需要反复尝试，不断思考，才能得到最终的理想效果。再加上这一类产品小细节较多，需要繁杂的过程来完善，才能得到最终完整的效果图。

通过之前的学习可以看出，一种材质效果的表现，并不是在一个图层中完成的，一般都需要通过几个图层叠加完成，并需要通过多种调节方式才能达到较为满意的效果。根据笔者的经验，使用Photoshop的时候不能心急，要有足够的耐心，一步一步地来，很多效果不是一下就可以绘制完成的。在绘制过程中，要注意给自己留出以后修改调节的空间。

第8章

跑车设计表现

主要内容： 讲解跑车设计表现，如跑车的复杂曲线、繁复的光影变化和多种材质等的表现方法。

教学目标： 通过对本章案例的学习，使读者面对较复杂的产品形态表现时，掌握真实性、整体感的表现方法。

学习要点： 熟悉跑车的形态表现方法，熟练运用制作工具。

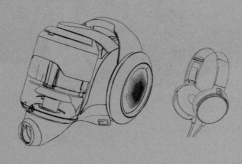

Product Design

跑车是一种底盘低矮、线条流畅、动力突出的汽车类型，其最大的特点是不断追求速度极限。跑车往往个性张扬，灵动的曲线勾勒出矫健的车身，外形上体现出强烈的运动特性。由于要追求一种速度快、阻力小的炫酷感，现有市面上大多数的跑车造型都具有外形动感和线条流畅的特点。自20世纪末电子技术的蓬勃发展，改变了传统跑车设计的思路。更多的电子元素被融入跑车设计中，速度性能与外形体验这两项传统的跑车设计追求被逐渐弱化了，而用于享受的设备被融入其中。跑车从一种纯粹追求速度的收藏品变成个人享受的工具。正是随着这种性质的改变，使跑车制造也进一步扩大了自己的消费群体。时尚感成为当今跑车除速度外的终极追求。独特的造型、多变的线条、张扬的色彩都是跑车的鲜明标志，如图8-1所示。

图8-1　跑车效果表现图

跑车的表现重点如图8-2所示。

图8-2　表现图重点

跑车的构成轮廓线以曲线为主，由于其细节较多，表现较难，光影较复杂，所以绘制具有较大的难度，故绘制时需按照不同的部位单独绘制，并最终进行效果的组合与调整。从整体来看，跑车由喷漆、玻璃、钢制和胶皮4种材料构成，其中红色的车漆和黑色的车窗是高反光材料，车轮的钢制轮毂是亚反光材料，轮胎是非反光材料，要分别着重表现出材质的区别，再加上对车灯、车前脸、车排气扇、车进气口、车窗的细节刻画，才能将跑车的真实感和整体感表现出来。在绘制过程中对光影关系的协调是重点，也是本案例最大的难点。

在绘制过程中，我们将红色跑车分为车体、车前脸、车轮和车灯4个大部分，如图8-3所示。分别对其进行精细的绘制，其中车体分为车主体、车窗、车排气扇、进气孔、车反光镜等，这些部分要分别刻画。特别需要注意的是，轮胎部分的刻画需要不断地揣摩修改，才能实现轮胎胶皮的真实效果。

图8-3　分部位绘制

8.1　绘制轮廓线

01 打开Photoshop软件，按快捷键Ctrl+N，在弹出的"新建文档"对话框中，设置文件的"宽度"为42厘米、"高度"为29.7厘米、"分辨率"为300像素/英寸，将其命名为"跑车"，设置"颜色模式"为"RGB 颜色"，如图8-4所示。

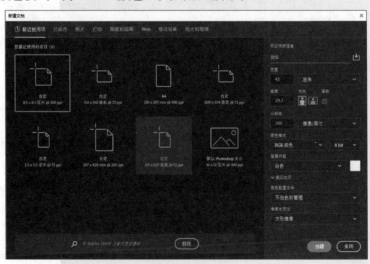

图8-4　新建文件

02 新建一个图层，命名为"轮廓线"，如图8-5所示；选择工具栏中的"钢笔工具"，如图8-6所示，描绘出跑车的外轮廓，效果如图8-7和图8-8所示。

图8-5　新建图层　　　　　　　　　　图8-6　钢笔工具

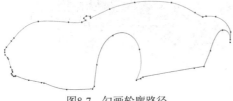

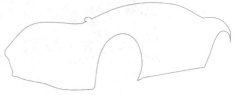

图8-7　勾画轮廓路径　　　　　　　　图8-8　描边轮廓形状

技术专题

在绘制路径时，用户可使用钢笔工具组中6种不同的工具，灵活使用这些工具可以提高绘制效果图的效率。下面分别介绍。

- 钢笔工具：可以创建由一个或多个锚点控制的精确的直线和平滑流畅的曲线。
- 自由钢笔工具：可以自由地绘制线条或形状。
- 弯度钢笔工具：可以直观地绘制直线、曲线或自定义形状。
- 添加锚点工具：可以在现有的路径上添加锚点。
- 删除锚点工具：可以在现有的路径上删除锚点。
- 转换点工具：可以使锚点在平滑点和角点之间转换。

路径一般通过"路径"面板显示和管理。执行菜单"窗口"｜"路径"命令，打开"路径"面板。"路径"面板中有3种类型的路径：工作路径、新建路径和矢量蒙版。需要特别注意的是，工作路径是出现在"路径"面板中的临时路径，一个图像中只有一个。如果不将工作路径保存(转换为新建路径)，那么在取消选择并再一次使用工具绘制路径时，新的路径就会代替原有的路径。

03 在上一步的基础上，对跑车的车窗、车灯和前脸进行绘制，如图8-9所示。使用"钢笔工具"绘制车体，内部结构线绘制越明晰，后续绘制步骤会越明确，详细过程如图8-10至图8-12所示。

图8-9　绘制车体轮廓线　　　　　　　图8-10　绘制车窗结构线

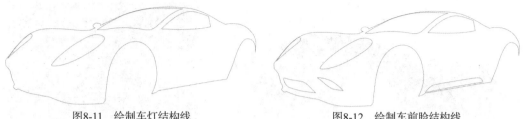

图8-11 绘制车灯结构线　　　　　　　图8-12 绘制车前脸结构线

8.2 绘制跑车的车体部分

本节绘制的是跑车的主体，即红色喷漆车体部分，其中包括红色车身、车窗、后视镜、车排气扇、进气孔等多处细节，是跑车绘制中面积最大的部分，也是整个绘制过程的关键。

8.2.1 绘制跑车车身

1.填充车身红色

新建一个组，命名为"车身"，在该组内按快捷键Ctrl+J建立一个新图层，命名为"图层1"，使用"钢笔工具"勾画跑车主体的路径，右击主体路径，在弹出的快捷菜单中选择"建立选区"命令，如图8-13所示；在"建立选区"对话框中，设置"羽化半径"为2像素。然后为选区填充深红色，色值为 (CMYK:28 100 100 1)，也可以自行调节，直至达到理想的效果，效果如图8-14所示。

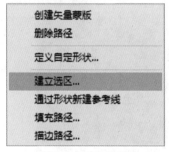

图8-13 建立选区

图8-14 填充选区

2.绘制车窗和车灯轮廓

新建一个图层，命名为"图层 2"。使用"钢笔工具"勾画车窗和车灯的轮廓，右击车窗轮廓线，在弹出的快捷菜单中选择"建立选区"命令，填充为黑色，如图8-15所示；之所以选择车窗与车灯部分进行颜色填充，并将其置于所有图层顶部，是为确定车身的高光位置做准备，如图8-16所示。

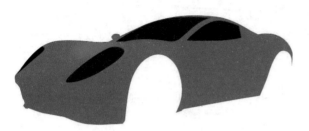

图8-15　填充车窗、车灯选区

图8-16　将车窗、车灯图层置于顶部

3. 绘制车身渐变效果

01 新建一个图层，命名为"图层3"，用于绘制车身渐变。由于车身底部处于光线照射暗面，故用渐变拉伸突显车体的立体感。使用"钢笔工具"勾画车身渐变部分的轮廓，如图8-17所示；右击车身渐变部分轮廓线，在弹出的快捷菜单中选择"建立选区"命令，建立选区，选择"渐变工具"进行颜色填充，弹出"渐变编辑器"对话框，如图8-18所示；更改色标颜色，分别为(CMYK:24 93 81 0)和(CMYK:50 82 69 12)，如图8-19所示；绘制线性渐变，实现如图8-20所示的效果。

> **提示**
>
> 填充路径必须在普通图层中进行，系统默认使用前景色填充闭合路径包围区域。对于开放路径，系统将使用最短的直线先将路径闭合，然后在闭合的区域内进行填充。

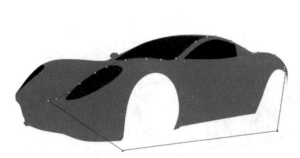

图8-17　勾画车身渐变部分的轮廓

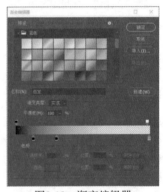

图8-18　渐变编辑器

图8-19　渐变色的左右色值

02 将"车身"组内的"图层 1"复制，得到"图层 1 副本"，在渐变填充的"图层 3"与"图层 1 副本"之间添加剪贴蒙版。具体方法是将渐变填充"图层 3"置于复制得到的"图层 1 副本"上方，选择"图层 3"并右击，在弹出的快捷菜单中选择"创建剪贴蒙版"命令，如图8-21所示；效果如图8-22所示。

图8-20　渐变色效果

图8-21　创建剪贴蒙版

03 使用"画笔工具"，依次设置前景色为白色、黑色，进行明暗效果调整，突显跑车的立体感，效果如图8-23所示。

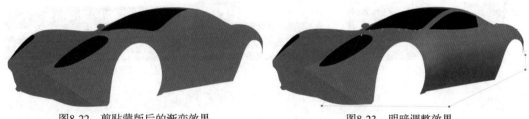

图8-22　剪贴蒙版后的渐变效果　　　　　图8-23　明暗调整效果

4. 绘制高光部分

01 将上一步骤中绘制的路径转换为选区，新建一个图层，命名为"图层 4"。选择"画笔工具"，如图8-24所示；调整画笔大小，在选区的上边缘处进行绘制，调整"不透明度"及"流量"大小，如图8-25所示；效果如图8-26所示。

图8-24　画笔工具　　图8-25　调整不透明度和流量　　　图8-26　上部高光效果

02 使用"钢笔工具"勾画如图8-27所示的选区，填充粉白色(CMYK:0 73 45 0)，选择"画笔工具"，将前景色填充为白色，调整画笔大小，在选区的边缘进行绘制，效果如图8-28所示。

图8-27　为高光部分建立选区

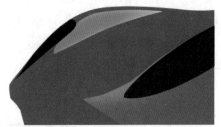

图8-28　添加粉白颜色效果

03 使用"钢笔工具"绘制如图8-29所示的选区，并使用黑色进行填色，执行菜单"滤镜"|"模糊"|"高斯模糊"命令，在弹出的对话框中，设置模糊"半径"为0.9像素，如图8-30所示；在"图层"面板中，设置混合模式为"正片叠底"、"不透明度"为24%、"填充"为62%，如图8-31所示。

图8-29　建立选区

图8-30　调整模糊半径

图8-31　调整模式

提示

高斯模糊中的高斯曲线是指当Photoshop将加权平均应用于像素时生成的钟形曲线。"高斯模糊"滤镜使用高斯曲线来分布图像中的像素信息，从而产生一种朦胧的效果。高斯模糊只需调整模糊半径即可控制模糊范围，由于操作简单，效果明显，在产品效果图的绘制中被广泛应用。

图层的混合模式决定了图层中的像素如何与图像中的下层像素进行混合。使用不同的混合模式可以创建各种不同的图层堆叠效果。使用"正片叠底"混合模式时，系统查看每个通道中的颜色信息，将颜色相叠加，绘制结果的颜色与底色相乘。任何颜色与黑色叠加都会成为黑色，与白色叠加则不会有任何变化。"正片叠底"混合模式适用于以下场合：加强曝光过度的影像浓度；只希望将上层颜色的暗色部分保留下，白色部分不起作用；将黑白线稿混合在图像上时。

---

04 使用"钢笔工具"勾画如图8-32所示的选区，新建图层，使用白色的"画笔工具"，调整"大小"和"流量"，在选区边缘处绘制，效果如图8-33所示。

图8-32　建立选区

图8-33　调整效果

05 新建图层，命名为"图层5"，使用"钢笔工具"绘制如图8-34所示的路径，右击路径曲线，将其转换为选区，然后使用白色画笔工具，在选区内进行绘制，将开始车体填色的图层复制，移动至新建图层的下方，并与新建图层进行创建剪贴蒙版操作，使绘制的白色高光限制在车体内，效果如图8-35所示。

图8-34　勾选出高光轮廓　　　　　　　　　图8-35　白色高光效果

06 同理，新建图层，使用"钢笔工具"建立如图8-36所示的选区，使用颜色(CMYK:33 96 93 1)填充，在选区内使用"画笔工具"，设置前景色为白色、"硬度"为0%，并不断调整画笔的"大小""不透明度"及"流量"，效果如图8-37所示。

图8-36　高光轮廓转换为选区　　　　　　　图8-37　白色高光效果

07 新建图层，使用"钢笔工具"绘制如图8-38所示的路径，转换为选区，填充颜色(CMYK:59 100 100 54)；新建图层，使用"钢笔工具"绘制如图8-39所示的路径，转换为选区，填充颜色(CMYK:53 100 100 40)；新建图层，使用"钢笔工具"绘制如图8-40所示的路径，转换为选区，填充颜色(CMYK:47 100 100 19)，效果如图8-41所示；新建图层，建立如图8-42所示的选区，使用颜色(CMYK:43 100 100 11)进行填充。

图8-38　勾画反光路径1　　　　　　　　　图8-39　勾画反光路径2

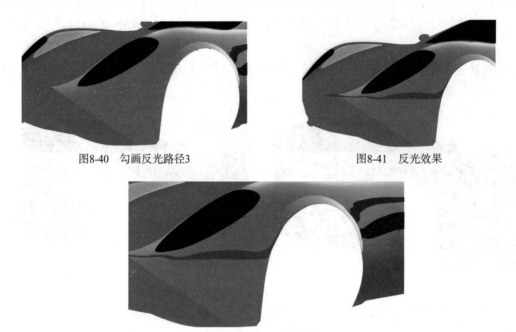

图8-40　勾画反光路径3　　　　　　　　　　　图8-41　反光效果

图8-42　勾画反光路径4

08 新建图层，使用"钢笔工具"绘制如图8-43所示的路径，建立选区，设置前景色为
(CMYK:12 99 100 0)，对车头进行提亮操作，设置画笔"硬度"为0、"流量"为20%，效果如
图8-44所示。

图8-43　勾画车头亮部路径　　　　　　　　　图8-44　车头提亮效果

8.2.2　绘制跑车车窗

1. 绘制侧车窗

建立新的组，命名为"车窗"，在该组内按快捷键Ctrl+J建立新图层，命名为"图层
1"，将之前使用"钢笔工具"勾画的车窗轮廓移动至该图层下，方便进一步绘制。右击移动
后的图层，在弹出的快捷菜单中选择"载入选区"命令，使用画笔，设置前景色为白色，在属
性栏中调节画笔的"大小""不透明度"及"流量"，对侧面车窗进行绘制，主要绘制区域在
侧面车窗的中部，如图8-45所示。

2. 绘制前车窗

在"车窗"组内创建新图层，命名为"图层 2"，并将之前使用"钢笔工具"勾画的车窗

轮廓移动至该图层下，方便进一步绘制。使用"钢笔工具"，绘制并建立如图8-46所示的选区，选择"画笔工具"，设置前景色为白色，调整画笔的"大小""不透明度"和"流量"后进行绘制，并将图层与下面的图层进行创建剪贴蒙版操作，效果如图8-47所示。

图8-45 绘制侧车窗中部

图8-46 绘制前车窗反光选区

8.2.3 绘制进气孔部分

01 建立新的组，命名为"进气孔"，在该组内建立新图层，命名为"图层 1"，使用"钢笔工具"进行绘制，建立如图8-48所示的形状。

02 新建白色高光部分图层，命名为"图层 2"，将绘制的路径转换为选区，设置前景色为白色，调整画笔大小，使用"画笔工具"将选区的下半部分沿着选区边沿绘制白色高光，形成一种立体感，效果如图8-49所示。

03 新建黑色部分图层，命名为"图层 3"，设置前景色为黑色，在选区内使用"画笔工具"将选区上部分涂黑，作为进气孔的部分，效果如图8-50所示。

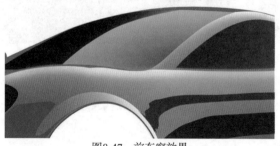

图8-47 前车窗效果

图8-48 勾选进气孔形状

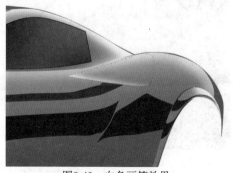

图8-49 白色画笔效果

图8-50 黑色画笔效果

04 新建"图层 4"，使用"钢笔工具"，绘制如图8-51所示的形状并转换为选区，填充颜色 (CMYK:10 97 100 0)，将所建图层移动至白色高光"图层 2"与黑色部分"图层 3"之间，载入进气孔图层的形状选区，建立蒙版，效果如图8-52所示。

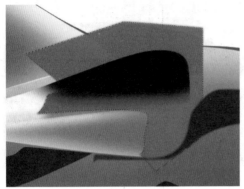
图8-51 建立选区并填色

图8-52 建立剪贴蒙版

05 新建"图层 5"，设置前景色为黑色，使用"画笔工具"在图中所示区域绘制，使用调整不透明度后的"画笔工具"进行绘制，得到如图8-53所示的效果，图中圈出的部分是画笔的主要绘制区域，绘制完成后与下方的填色图层进行创建剪贴蒙版操作，效果如图8-54所示。

图8-53 选中区域

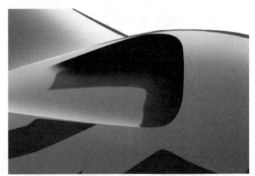
图8-54 完成效果

06 新建"图层 6"，使用"钢笔工具"绘制如图8-55所示的路径，转换为选区，设置前景色为白色，使用"画笔工具"在所选区域的上部绘制白色反光区域，效果如图8-56所示。

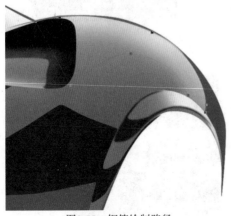
图8-55 钢笔绘制路径

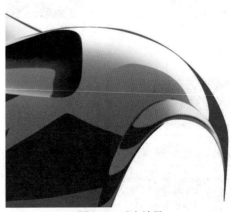
图8-56 反光效果

技术专题

设计者熟练掌握选区的编辑方法，可以提高效果图的绘制效率。建立选区后，如果对选区的位置、大小不满意时，可对选区进行移动、添加和删减操作，还可以对选区进行一些变换等操作。

- 移动选区：移动选区时，可以使用工具栏中的任意一个选区工具选定一个范围，将鼠标指针移动至选区内，鼠标指针变化后按住左键不放拖曳就可以移动选区了。如果在使用鼠标移动选框的过程中按住Shift键不放，将会使选区按照水平、垂直和45°斜线方向移动；在按住Shift键的同时，每按一次方向键选区将会移动10像素；如果按住Ctrl键移动选区，就会移动选区内的图像。

- 反选选区：执行菜单"选择"|"反选"命令，或者按快捷键Ctrl+Shift+I进行选区反选。

- 增加选区：按住Shift键不放，或者单击属性栏中的"添加到选区"按钮，并在图像窗口中单击图像并拖曳鼠标拉出一个新的选区即可。

- 删减选区：按住Alt键不放，或者单击属性栏中的"从选区减去"按钮，并在图像窗口中单击图像并拖曳鼠标，即可从原选区中删减这一部分。

07 新建"图层7"，使用"钢笔工具"绘制如图8-57所示的选区，填充颜色 (CMYK:9 69 45 0)，并执行菜单"滤镜"|"模糊"|"高斯模糊"命令，在弹出的对话框中，设置模糊"半径"为1.7像素。

8.2.4 绘制反光镜

在绘制反光镜时，首先建立一个名称为"反光镜"的组。

1. 绘制左反光镜

01 在组内新建图层，命名为"图层1"，使用"钢笔工具"建立如图8-58所示的选区，填充颜色(CMYK:28 100 100 1)；新建图层，命名为"图层2"，使用"钢笔工具"绘制如图8-59所示的路径，转换为选区，填充颜色 (CMYK:17 88 73 0)。

图8-57 建立选区

图8-58 建立选区并填充颜色

02 新建图层，命名为"图层3"，使用"钢笔工具"建立如图8-60所示的选区，使用黑色画笔进行绘制，调整画笔的"大小""不透明度"和"流量"，效果如图8-61所示。白色高光部分如图8-62黑色框中区域，黑色暗部如图8-63红色框中区域。

图8-59 建立选区1

图8-60 建立选区2

图8-61 黑色区域效果

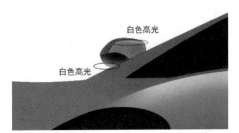

图8-62 白色高光效果

2. 绘制右反光镜

01 新建基础颜色图层，命名为"图层4"。使用"钢笔工具"绘制如图8-64所示的形状，填充颜色 (CMYK:21 89 74 0)，如图8-65所示；新建倒影颜色图层，命名为"图层5"，使用"钢笔工具"勾画如图8-66所示的形状，填充颜色 (CMYK:52 100 100 33)；新建车灯暗面图层，命名为"图层6"，使用"钢笔工具"建立如图8-67所示的选区，设置前景色为黑色，使用"画笔工具"对选区进行涂抹，调整画笔的"大小""流量"和"不透明度"，得到如图8-68所示的效果，将基础颜色"图层4"复制，移动至车灯暗面"图层6"之下，并与其进行创建剪贴蒙版操作，效果如图8-69所示。

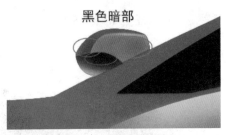

图8-63 黑色暗部效果

图8-64 勾选形状

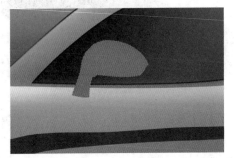

图8-65 填充颜色

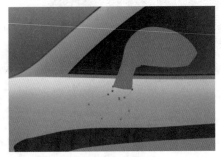

图8-66 倒影形状

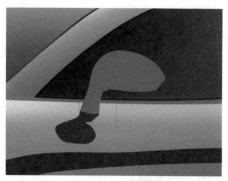

图8-67　新建选区

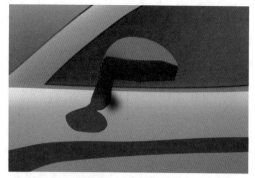

图8-68　画笔涂抹效果

02 新建图层，命名为"图层7"，并建立如图8-70所示的选区，设置前景色为 (CMYK:23 89 75 0)，使用"画笔工具"对选区进行涂抹，得到如图8-71所示的效果，左边深右边浅，所以在右边使用"画笔工具"时，将"不透明度"与"流量"调低，可以先使用较低"不透明度"和"流量"，整体上色，然后在新建图层中将"不透明度"和"流量"调高，局部上色，由浅及深，逐层叠加，这样更容易控制完成的效果。

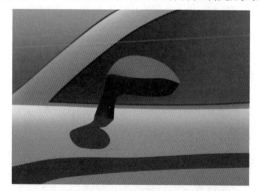

图8-69　建立剪贴蒙版效果

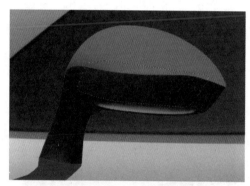

图8-70　建立选区

03 新建图层，命名为"图层8"，表现出如图8-72所示的反光效果，具体方法是：使用"钢笔工具"勾画红色选区，填充颜色(CMYK:23 89 76 0)，如图8-73所示。对红色反光区域上半部分进行减淡模糊的操作，直至达到如图8-74所示的反光效果。继续对调整好的反光区域进行白色高光处理，具体操作方法是：使用"钢笔工具"沿反光区域下边缘绘制线条，设置白色描边，大小为2像素，如图8-75所示。将白色描边栅格化，进行高斯模糊处理，效果如图8-76所示。

图8-71　阴影涂抹示意图

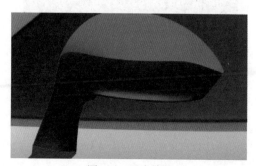

图8-72　反光效果

169

图8-73　勾选区域

图8-74　加深和减淡效果

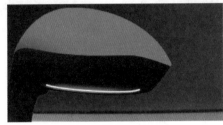

图8-75　绘制线条

04 新建图层，命名为"图层9"，使用"钢笔工具"勾选如图8-77所示的区域，转换为选区，填充白色，执行菜单"滤镜"|"模糊"|"高斯模糊"命令，使用默认参数，模糊效果如图8-78所示；为此图层添加反光镜形状的蒙版，效果如图8-79所示。

图8-76　模糊效果

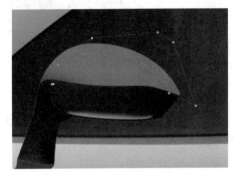

图8-77　勾选区域

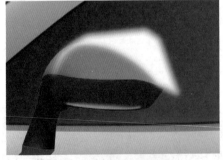

图8-78　高斯模糊效果

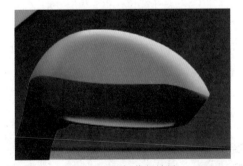

图8-79　添加蒙版效果

05 新建图层，命名为"图层10"，使用"钢笔工具"勾画形状，建立选区，如图8-80所示；将前景色设置为白色，使用"画笔工具"绘制路径，效果如图8-81所示，目的是使高光区域的过渡相对自然，所以建议使用较大的画笔、较低的流量及透明度。

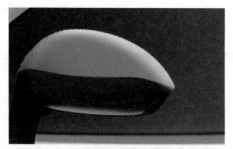

图8-80　建立选区　　　　　　　　　　　　　图8-81　绘制路径

06 新建图层，命名为"图层 11"，使用"钢笔工具"勾画路径并转换为选区，填充颜色
(CMYK:43 99 100 10)，对上半部分进行加深处理，效果如图8-82所示。

07 新建图层，命名为"图层 12"，使用"钢笔工具"勾画如图进行8-83所示的形状，转
换为选区，填充白色，对该区域进行高斯模糊，实现如图8-84所示的效果；将该图层的"不透
明度"调至12%，如图8-85所示；按照图8-86所示，新建一个图层，设置前景色为黑色，使用
"画笔工具"对图中所圈选的蓝色区域进行涂抹，如图8-87所示；与上一步的图层进行创建剪
贴蒙版操作，如图8-88所示。

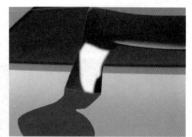

图8-82　加深效果　　　　　　　图8-83　勾画路径　　　　　　　图8-84　高斯模糊效果

图8-85　调整不透明度　　　　　　　　　　　图8-86　调整不透明度效果

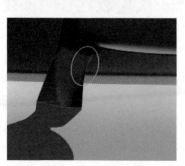

图8-87　重点加黑区域　　　　　　　　　　　图8-88　加黑效果

08 新建图层，命名为"图层13"，绘制反光镜倒影的形状选区，设置前景色为黑色，使用"画笔工具"对如图8-89所示的蓝色框选区域进行涂抹，以达到降色的目的，如图8-90所示。

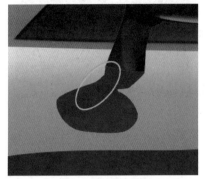 

图8-89　涂黑区域　　　　　　　　　　　　图8-90　涂黑效果

09 新建一个反光图层，命名为"图层 14"，设置前景色为暗红色(CMYK:43 100 100 11)，使用"画笔工具"，对倒影的底部进行涂抹，实现倒影的反光效果，并与反光镜倒影进行创建剪贴蒙版操作，效果如图8-91所示。

10 新建图层，命名为"图层15"，使用"钢笔工具"勾画如图8-92所示的形状，转换为选区，填充颜色(CMYK:8 73 56 0)，执行菜单"滤镜"|"模糊"|"高斯模糊"命令，添加模糊效果，如图8-93所示。

图8-91　倒影效果　　　　　　　　　　　　图8-92　勾画路径

图8-93　模糊效果

技术专题

本书案例中多次使用了图层蒙版。图层蒙版实际上是256级灰度图像。在蒙版图像中，黑色区域为完全不透明区域，白色区域为完全透明区域。当设计者为图层添加蒙版时，蒙版为黑色的图像内容将会被隐藏。使用图层蒙版可以遮盖整个图层或图层组，也可以只遮盖图层或图层组中的选区。图层蒙版可以用于保护部分图层，让设计者无法编辑，还可以用于显示或隐藏部分图像。

8.2.5 绘制排气扇

01 新建一个组，命名为"排气扇"，在组内新建"图层1"，按照上述相同的操作方法，勾画排气扇区域，填充为黑灰色(CMYK:77 70 75 41)，对该区域进行加深和减淡操作，效果如图8-94所示。

02 在该组内新建"图层2"，绘制排气扇外部的细节，设置前景色为红色(CMYK:36 87 68 1)，使用"画笔工具"勾画排气扇外部边缘线，并使用"加深工具"和"减淡工具"对边缘处的明暗关系进行相应调整，效果如图8-95所示。

图8-94 排气扇区域填色

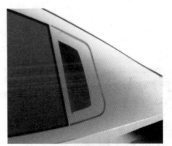
图8-95 排气扇外部边缘线

03 采用相同的方法，设置前景色为浅粉色(CMYK:9 64 27 0)，绘制排气扇左轮廓，如图8-96所示；至此，排气扇的外轮廓线绘制完毕，效果如图8-97所示。

图8-96 排气扇左部边缘线

图8-97 排气扇外轮廓线

04 新建3个图层，分别为"图层3""图层4"和"图层5"，使用"钢笔工具"绘制轮廓线，转换为选区，填充浅红色(CMYK:16 62 37 0)，进行加深或减淡处理。绘制步骤如图8-98至图8-100所示。

图8-98 绘制排气扇细节轮廓

图8-99 排气扇细节颜色填充

图8-100 模糊处理

05 绘制排气扇的亮面部分。新建"图层6"，沿排气扇轮廓线勾画如图8-101所示的区域，转换为选区，填充为白色，并将"图层6"的"不透明度"调整至80%，效果如图8-102所示。

图8-101　绘制白色区域

图8-102　调整不透明度

06 新建"图层 7"，按照绘制"图层 6"亮面的方法，完成如图8-103所示的排气扇右下侧的亮面绘制。至此，排气扇的外部细节绘制完毕，效果如图8-104所示。

图8-103　绘制右下侧亮面

图8-104　绘制外部细节

07 绘制排气扇的内部排气孔。新建"图层8"，使用"钢笔工具"勾画其中一个排气孔的外形，转换为选区，填充为黑色，如图8-105所示；按照相同的绘制方法和颜色填充，依次完成 3 个排气孔的绘制，如图8-106所示；至此，排气扇的绘制基本结束，效果如图8-107所示。

图8-105　绘制内部排气孔

图8-106　绘制内部3个排气孔

图8-107　排气扇效果

8.3　绘制跑车的车灯部分

01 新建一个组，命名为"车灯 1"。绘制小的黄色车灯，在"车灯 1"组内新建"图层1"，使用"钢笔工具"勾画如图8-108所示的区域，填充为浅灰色(CMYK:19 15 14 0)。

02 新建"图层 2"，使用相同的方法勾画蓝色圆形框选的弧形轮廓，如图8-109所示；填充浅灰色(CMYK:22 16 16 0)，并对弧形上半部分进行加深处理，效果如图8-110所示。

图8-108 黄色车灯

图8-109 车灯弧形轮廓

03 新建"图层3",勾画图8-111中的黄色小灯区域轮廓,转换为选区,填充暗黄色(CMYK:31 61 100 0)。新建"图层4",采用绘制"图层3"的方法,完成如图8-112所示的区域绘制。

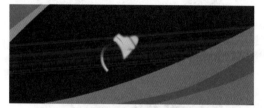
图8-110 车灯轮廓加深效果

图8-111 黄色小灯区域轮廓

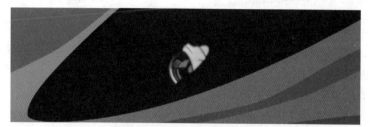
图8-112 黄色小灯细节效果

04 新建"图层5",用于绘制黄色小灯发出的光线,即如图8-113所示蓝色圆形框选部分。方法为:设置前景色为白色,使用"画笔工具"绘制3条线,执行菜单"滤镜"|"模糊"|"高斯模糊"命令,对3条线进行模糊处理,效果如图8-114所示。

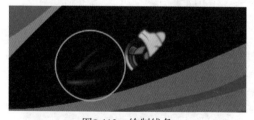
图8-113 绘制线条

图8-114 光线绘制效果

05 绘制左车灯的白色大灯。新建"图层6",采用与之前相同的方法绘制白色大灯的轮廓,转换为选区,填充灰白色(CMYK:5 4 4 0),如图8-115所示;根据车灯的明暗对上一步已经填充的灰白色进行加深和减淡处理,以突显整个车灯的立体感。选择"加深工具"和"减淡工具",如图8-116所示;右击屏幕任意处,可以在弹出的面板中选择、调整"加深工具"和"减淡工具"的画笔大小,如图8-117所示;效果如图8-118所示。这样车灯的立体感就增强了很多。

图8-115　白色大灯轮廓

图8-116　加深工具和减淡工具

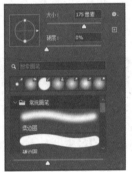

图8-117　调整画笔参数

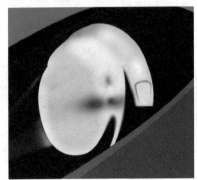

图8-118　车灯明暗效果

06 绘制车灯的细节。新建"图层7"，使用"钢笔工具"勾画车灯的凸起轮廓，转换为选区，填充灰白色(CMYK:5 4 4 0)，根据明暗关系使用"加深工具"和"减淡工具"刻画凸起的立体感，效果如图8-119所示。

07 绘制车灯内部的分隔线。新建"图层8"，设置前景色为深灰色(CMYK:78 73 70 42)，使用"画笔工具"勾画分隔线的轮廓，并使用"加深工具"和"减淡工具"进行相应的颜色调整，得到如图8-120所示的效果。采用这种方法，可以绘制其他的分隔线，如图8-121和图8-122所示。

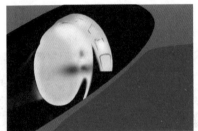

图8-119　车灯凸起轮廓

图8-120　车灯分隔线1

图8-121　车灯分隔线2

图8-122　车灯分隔线3

08 绘制车灯的镜片部分。新建"图层 9"，使用"钢笔工具"勾画镜片的椭圆形状，并将其转换为选区，选择"渐变工具"，按照目的效果调整渐变的颜色，如图8-123所示；在选区上按住鼠标左键进行渐变填充，不断地调整，直至达到理想的效果，如图8-124所示。

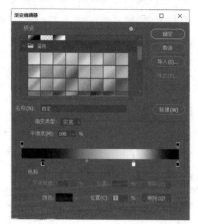

图8-123　渐变编辑器

图8-124　绘制车灯镜片

09 绘制车灯的轮廓细节，如图8-125所示；新建"图层 10"，使用"钢笔工具"勾画轮廓，并进行选区转换，填充颜色，进行加深和减淡处理。绘制大灯的灯光，新建"图层 11"，使用与黄色小灯灯光相同的方法绘制大灯的灯光，如图8-126所示；对车灯的整体效果进行细节的绘制和调整，效果如图8-127所示。

图8-125　车灯轮廓细节

图8-126　灯光效果

10 新建"图层 12"，使用"钢笔工具"勾画如图8-128所示的区域，转换为选区，填充颜色(CMYK:80 74 72 48)。至此，"车灯 1"组已全部绘制完毕，效果如图8-129所示。

图8-127　车灯整体效果

图8-128　车灯选区示意

图8-129　车灯效果

技术专题

使用"渐变工具"可以创建多种颜色间的逐渐混合，实际上就是在图像中或者图像的某一部分区域填充具有多种颜色过渡的混合模式。该混合模式可以是前景色到背景色的过渡，也可以是前景色与透明背景间的相互过渡或者是其他颜色的相互过渡。单击工具栏中的"渐变工具"按钮，在属性栏中显示该工具的选项。下面对该属性栏中的主要参数进行讲解。

- 渐变下拉列表框：在此下拉列表框中显示渐变颜色的预览效果图。单击其右侧的倒三角形按钮，可以打开渐变下拉面板，在其中可以选择一种渐变颜色进行填充。将鼠标指针移动至渐变下拉面板的渐变颜色上，会提示该渐变颜色的名称。
- 渐变类型：选择"渐变工具"后，会有5种渐变类型可供选择，分别是"线性渐变""径向渐变""角度渐变""对称渐变"和"菱形渐变"。使用这5种渐变类型可以完成不同的渐变填充效果，其中默认的是"线性渐变"。

11 新建一个组，命名为"车灯2"，用于绘制右车灯。在该组下建立一个新图层，命名为"图层1"。采用绘制"车灯1"的方法，先绘制车灯的轮廓线，转换为选区，填充颜色(CMYK:12 9 9 0)。使用"加深工具"和"减淡工具"进行相应的明暗调整，效果如图8-130所示。

12 绘制车灯的分隔线。新建"图层2"，使用"钢笔工具"绘制分隔线的形状，填充颜色(CMYK:82 77 76 57)，具体操作方法与"车灯1"的绘制相似，在此不做赘述，效果如图8-131所示；新建"图层3"，用于绘制车灯的凸起，效果如图8-132所示。

13 绘制车灯玻璃。新建"图层4"，按照车灯玻璃的轮廓将玻璃区域填充颜色(CMYK:80 71 72 42)。在此基础上，使用"钢笔工具"勾画高光区域，填充灰绿色(CMYK:56 38 42 0)。对高光区域执行菜单"滤镜"|"模糊"|"高斯模糊"命令，直至达到理想的效果，如图8-133所示。

图8-130 车灯轮廓绘制效果

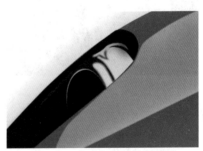
图8-131 右车灯凸起绘制效果

图8-132 右车灯细节绘制效果

图8-133 绘制右车灯玻璃

14 绘制车灯的暗部。新建"图层 5"，使用"钢笔工具"勾画暗部的形状，并填充黑色，如图8-134所示；至此，"车灯 2"组的绘制全部结束，效果如图8-135所示。

图8-134　绘制车灯暗部

图8-135　右车灯效果

15 车灯绘制结束，根据其效果及与周边结构的连接度，对车灯进行相应的细节调整，效果如图8-136所示。

图8-136　车灯调整后的效果

8.4　绘制跑车的前脸部分

01 新建一个组，命名为"车前脸"。新建"图层 1"，使用"钢笔工具"勾画路径，并建立如图8-137所示的选区，使用颜色 (CMYK:48 97 98 23) 填充选区，如图8-138所示。

图8-137　新建选区

图8-138　填充颜色效果

02 新建"图层 2"，选择"渐变工具"，设置颜色为白色，设置"不透明度"左侧为100%、右侧为0%，如图8-139所示；载入"图层 1"的形状，在"图层 2"上进行渐变设置，效果如图8-140所示；将"图层 2"的混合模式调整为"滤色"，效果如图8-141所示。

图8-139　调整渐变工具

图8-140　渐变效果

03 新建"图层3"，建立如图8-142所示的选区。选择"渐变工具"，设置参数，如图8-143所示；两侧颜色分别为白色和暗红色(CMYK:58 90 83 45)，进行渐变填充操作，效果如图8-144所示；设置前景色为黑色，使用"画笔工具"，将选区的右下方涂黑，表现效果如图8-145所示。

图8-141　改变模式效果

图8-142　建立选区

图8-143　调整渐变参数

图8-144　渐变效果

04 新建"图层4"，建立如图8-146所示的选区，填充颜色(CMYK:51 86 80 21)，并执行菜单"滤镜"|"模糊"|"高斯模糊"命令，在弹出的对话框中，设置"半径"为2像素，效果如图8-147所示；新建"图层5"，建立如图8-148所示的选区，填充颜色(CMYK:61 100 100 58)，效果如图8-149所示；新建"图层6"，建立如图8-150所示的选区，填充黑色，执行菜单"滤镜"|"模糊"|"高斯模糊"命令，在弹出的对话框中，设置"半径"为1.5像素，效果如图8-151所示。

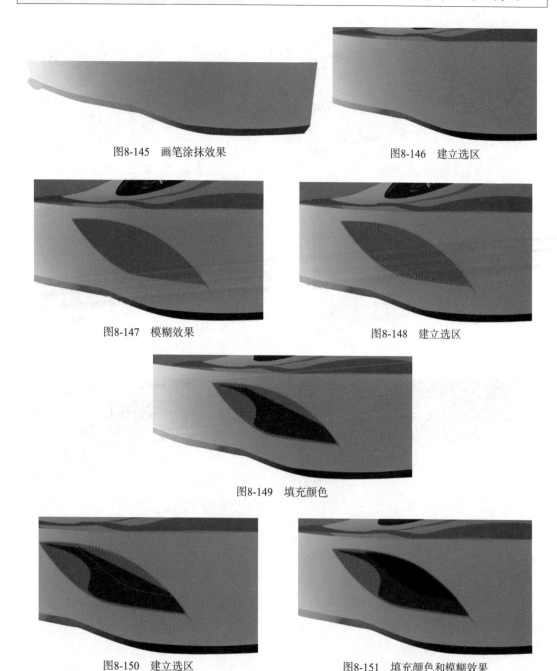

图8-145 画笔涂抹效果　　　　　　　　　　　图8-146 建立选区

图8-147 模糊效果　　　　　　　　　　　图8-148 建立选区

图8-149 填充颜色

图8-150 建立选区　　　　　　　　图8-151 填充颜色和模糊效果

05 新建"图层 7"，使用"钢笔工具"勾画路径，转换成选区，如图8-152所示，填充颜色 (CMYK:53 88 78 28)。

06 新建"图层 8"，建立如图8-153所示的选区，填充黑色，并执行菜单"滤镜"|"模糊"|"高斯模糊"命令，在弹出的对话框中，设置"半径"为2像素，效果如图8-154所示。

07 新建"图层 9"，建立如图8-155所示的选区，填充颜色 (CMYK:49 96 94 24)，如图8-156所示；再进行模糊操作，方法同上，设置模糊半径为2像素，效果如图8-157所示。

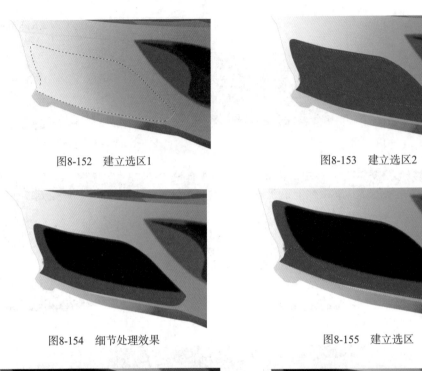

图8-152 建立选区1　　　　　　　　图8-153 建立选区2

图8-154 细节处理效果　　　　　　　图8-155 建立选区

图8-156 填充颜色　　　　　　　　图8-157 绘制效果

08 绘制进气栅部分。新建"图层 10"，建立如图8-158所示的白色部分选区，方法同上。新建"图层 9"，建立如图8-159所示的选区，填充颜色 (CMYK:82 77 76 57)，进行模糊操作，设置模糊半径为0.5像素，效果如图8-160所示；使用相同的方法与步骤，建立剩下的部分，效果如图8-161所示；再进行细节修改，横向栅栏在前，所以在竖向栅栏添加投影，具体操作方法是使用"画笔工具"，设置前景色为黑色，在如图8-162所示的位置进行涂抹，即横向与竖向栅栏交界处，效果如图8-163所示。

图8-158 进气栅白色部分　　　　图8-159 绘制阴影　　　　图8-160 单进气栅效果

图8-161　全部进气栅

图8-162　横向栅的投影绘制位置

图8-163　进气栅效果

09 新建"图层 11"，建立如图8-164所示的区域，填充颜色 (CMYK:34 99 93 53)，进行高斯模糊处理，设置模糊半径为1像素，使用同样的方法表现出进风口左上方的颜色条，效果如图8-165所示。

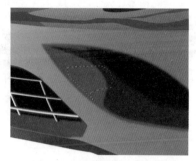
图8-164　绘制进风口颜色条

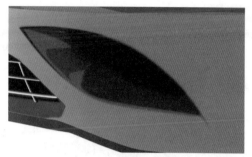
图8-165　颜色填充效果

10 处理汽车前脸进气口的相关细节。新建图层，将图8-166中蓝色圆形内的区域使用黑色画笔进行涂抹，左上角部分为使其平滑过渡而进行模糊处理，设置模糊半径为0.5像素，效果如图8-167所示。

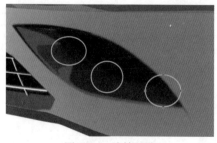
图8-166　涂抹区域

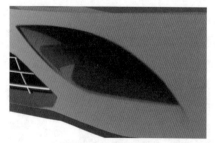
图8-167　细节绘制效果

11 表现中间的过渡面。新建图层，建立如图8-168所示的选区，使用"渐变工具"填充渐变，两边为白色和黑色，并进行模糊处理，设置模糊半径为1像素。

图8-168　过渡面绘制效果

12 最后进行前脸的整体细节改进，绘制如图8-169所示的底部线条，填充颜色(CMYK:50 100 100 30)，新建图层，选择"画笔工具"，设置前景色为黑色，并设置画笔大小等，进行暗色处理，注意图8-170中标示的部分进行画笔的着重处理，对高光部分使用"画笔工具"进行处理，设置前景色为白色，效果如图8-171所示。

图8-169　底部线条

图8-170　明暗处理位置

图8-171　前脸效果图

8.5　绘制跑车的车轮部分

01 新建"前车轮"组，新建"图层 1"，表现出如图8-172所示的效果图。操作时使用"钢笔工具"勾画圆盘外轮廓，填充颜色(CMYK:21 16 15 0)；使用"钢笔工具"勾画圆盘内轮廓，去掉内轮廓，使用"椭圆工具"排列出如图8-173所示的圆，选定圆心，使用"旋转工具"进行旋转，并进行调整，表现出图示效果。

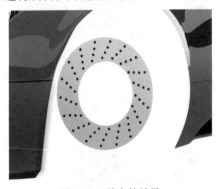

图8-172　前车轮效果

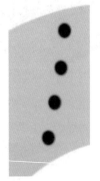

图8-173　排列圆形

02 新建"图层 2"，建立如图8-174所示的选区，填充颜色(CMYK:20 15 14 0)，效果如图8-175所示；新建"图层3"，建立如图8-176所示的选区，填充颜色(CMYK:20 15 24 0)。

图8-174 选区形状

图8-175 颜色填充

图8-176 填充效果

03 新建"图层4"，建立如图8-177所示的图形，颜色同上，并设置前景色为黑色，使用"画笔工具"在图形的左上方添加阴影效果。新建"图层5"，再使用白色画笔将右下方添加高光效果，增加左上部分与右下部分的对比，使其更有立体效果，如图8-178所示。

04 新建"图层6"，建立如图8-179所示的5个圆，填充颜色 (CMYK:20 15 14 0)，为其添加描边与内阴影效果，具体参数值如图8-180和图8-181所示，效果如图8-182所示，使圆变得更有立体感。在"图层6"的下方建立"图层7"，建立如图8-183所示的选区，并使用黑色画笔涂抹，效果如图8-184所示。

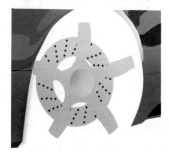
图8-177 明暗调整

图8-178 明暗效果

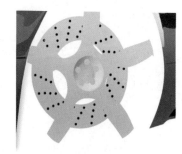
图8-179 绘制形状

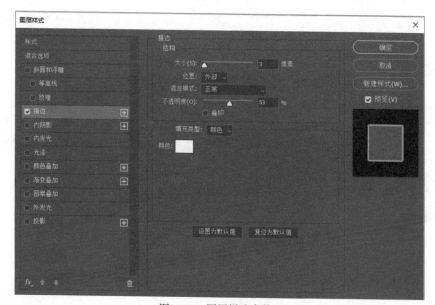
图8-180 图层样式参数1

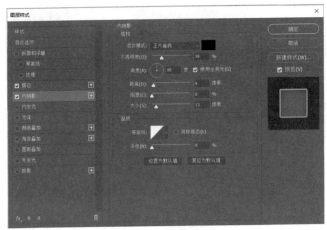

图8-181　图层样式参数2

图8-182　明暗调整

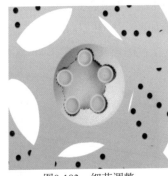

图8-183　细节调整

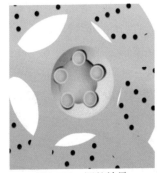

图8-184　调整效果

05 在"图层6"与"图层7"之间新建"图层8"，为前面的圆添加长度效果，如图8-185所示。具体方法为建立图中长度的选区，使用"画笔工具"进行涂抹，并进行滤镜模糊操作，以得到图示效果。

06 对相关部位使用黑色画笔进行涂抹，以达到立体效果，如图8-186所示；整体效果如图8-187所示。

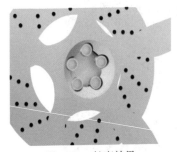

图8-185　长度效果

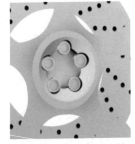

图8-186　黑色画笔涂抹

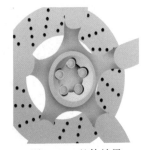

图8-187　整体效果

07 新建"图层9"，建立如图8-188所示的选区并进行渐变处理，之后使用"加深工具"对相应部分(图8-189)进行加深处理，表现出图8-190所示的黑色部分和其他部分，效果如图8-191所示；使用相同的方法分别绘制剩下的4个轮毂，步骤如图8-192至图8-195所示，添加高光效果，高光位置如图8-196所示；操作时先建立选区，填充白色，并进行模糊处理，效果如图8-197所示。

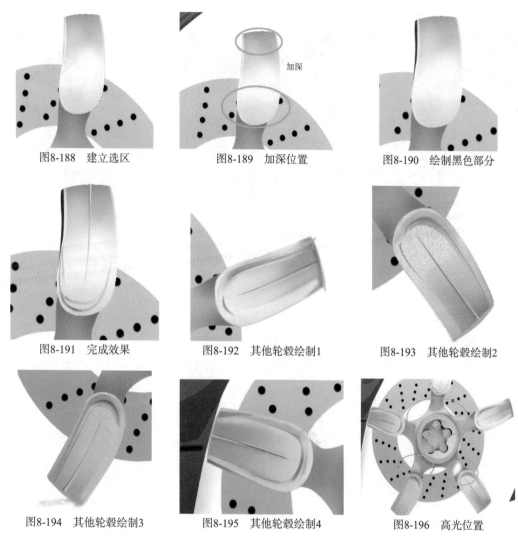

图8-188　建立选区　　　　图8-189　加深位置　　　　图8-190　绘制黑色部分

图8-191　完成效果　　　　图8-192　其他轮毂绘制1　　　图8-193　其他轮毂绘制2

图8-194　其他轮毂绘制3　　　图8-195　其他轮毂绘制4　　　图8-196　高光位置

08 新建"图层 10"，建立选区并填充颜色 (CMYK:40 32 30 0)，效果如图8-198所示；新建"图层 11"，建立选区并填充相同的颜色，效果如图8-199所示；使用"画笔工具"，设置前景色为黑色，调整画笔的"大小"和"不透明度"，进行暗面绘制，效果如图8-200所示；为交界处绘制高光效果，如图8-201所示。

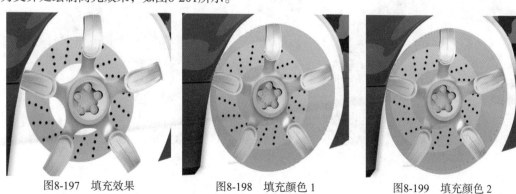

图8-197　填充效果　　　　图8-198　填充颜色 1　　　　图8-199　填充颜色 2

09 新建"图层 12",拖动至"图层 2"下方,建立选区并填充颜色 (CMYK:41 33 31 0),然后使用画笔对其进行变暗增亮操作,效果如图8-202所示。

图8-200　暗面绘制　　　　　图8-201　完成效果　　　　　图8-202　填色绘制

提示

本书案例中多处使用了"减淡工具"和"加深工具"。设计者使用这两个工具可以改变图像特定区域的曝光度,使图像变暗或变亮。在其工具属性栏中的参数有"范围"(暗调、中间调、高光)、"曝光度"和"喷枪"。在"范围"下拉列表中可以选择减淡或加深操作的作用范围。"暗调"只更改图像中的暗调部分像素;"中间调"只更改图像中的颜色对应灰度为中间范围的部分像素;"高光"只改变图像中明亮部分的像素。"曝光度"指定这两个工具使用的曝光量,范围为1% ~ 100%。"喷枪"将会使"画笔工具"的笔触更加扩散。

---

10 下面继续绘制刹车部分。在刹车盘的图层上建立图层,命名为"图层 13",绘制如图8-203所示的选区,填充颜色(CMYK:0 96 98 0),进行高斯模糊操作,设置模糊半径为2像素;新建图层,命名为"图层14",建立选区,填充颜色 (CMYK:50 100 100 30),进行模糊操作,设置模糊半径为1像素,如图8-204所示;使用"钢笔工具"勾画字母,填充白色,使用"画笔工具",设置前景色为黑色,对其进行涂抹,效果如图8-205所示,然后表现出刹车盘上的投影,效果如图8-206所示。

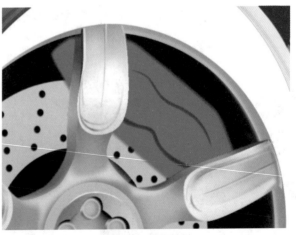

图8-203　建立选区　　　　　　　　　　图8-204　模糊效果

图8-205　绘制字母

图8-206　轮毂效果

11 在最底部图层表现轮胎，勾画选区并填充黑色，使用白色画笔涂抹高光，效果如图8-207所示。

12 后车轮与前车轮步骤相同，在此不再赘述，后车轮效果如图8-208所示。

图8-207　轮胎效果

图8-208　后车轮效果

13 为车身添加线条，使用"钢笔工具"勾画形状，黑色描边，设置"大小"为1.7像素，如图8-209所示；车后半部分的线描边颜色(CMYK:59 100 100 54)，设置"大小"为0.6像素，如图8-210所示。

图8-209　绘制前脸黑线

图8-210　绘制黑线

14 对整体的效果进行一些细微的调节，得到最终效果，如图8-211所示。

图8-211　跑车最终效果

8.6　本章小结

本章主要讲解跑车的效果图绘制步骤。跑车的绘制难点主要是细节的处理，特别是光影的和谐统一、不同材质的特征表现和区别，以及细节的精雕细琢，只有做好这些才能将跑车的真实感和整体感完美地呈现出来。跑车的造型具有较多的复杂曲线、繁复的光影变化和多种材质的表现，因此是产品效果图绘制练习中的一项高难度挑战。只要具有足够的耐心和毅力，就能征服这个看似难以完成的任务，掌握Photoshop的使用技法，提升自己学习的信心，以获得极大的满足感和成就感，希望设计者能迎难而上，多多练习。

第 9 章

无线吸尘器精修

主要内容：讲解无线吸尘器产品后期效果图精修的技巧，使读者对产品的明暗关系有较为清晰的理解。

教学目标：通过对本章案例的学习，使读者了解产品精修可以有效地提升产品的质感，优化产品视觉效果，同时掌握产品精修过程的方法。

学习要点：注意产品效果图后期精修要点，熟悉明暗关系、细节点、表面质感等精修知识。

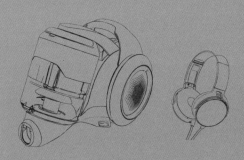

Product Design

在电商行业中经常会接触到处理产品图片的工作内容，产品效果图精修是很重要的技能，产品效果美观才会吸引更多的客户购买。产品精修包括精修形体、颜色、材质、光感、质感，而设计修图中更注重于光感和质感。在形体无误的情况下，对于精修产品来说，提升产品的光感和质感，以及对产品本身的颜色进行调整美化，都可以增加产品的美观性。相比较原图，精修后的产品在高光的表现上更加明显，并且是通过高光、反光的相互作用进行表现，这样可以起到增强材质质感的作用。总之，产品效果图精修的目的是为了提高产品的品质感和视觉感，从而增加产品的转化率。下面将通过无线吸尘器精修案例进一步讲解产品精修的知识。

9.1　无线吸尘器调色

01 打开Photoshop软件，将无线吸尘器素材导入，如图9-1所示；在"图层"面板中，打开已创建组中的图层，如图9-2所示。先利用色块的区分将每个吸尘器部件进行单独调色，目的是增强产品的明暗对比。

图9-1　吸尘器素材

图9-2　"图层"面板

02 利用色块区分图层，使用"魔棒工具"对吸尘器金属件部分进行选取，如图9-3所示；将所选区域进行复制，然后按快捷键Ctrl+L，在弹出的"色阶"对话框中，设置参数，如图9-4所示；调色完成后，将图层重命名为"金属件-1"，并对该图层编组，命名为"金属件-1"。

图9-3　建立选区

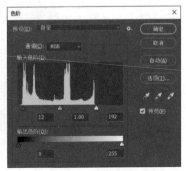

图9-4　色阶参数

03 使用"魔棒工具"对吸尘器的纹理部分进行选取，如图9-5所示；复制该选区，然后按快捷键Ctrl+L，在弹出的"色阶"对话框中设置参数，如图9-6所示；将图层与分组命名为"纹理-1"。

图9-5 建立选区

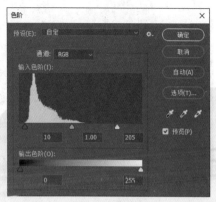
图9-6 色阶参数

04 使用"魔棒工具"对吸尘器底部区域进行选取，如图9-7所示；复制该选区，然后按快捷键Ctrl+L，在弹出的"色阶"对话框中设置参数，如图9-8所示；将图层和分组命名为"底部-1"。

图9-7 建立选区

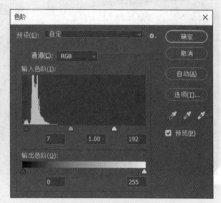
图9-8 色阶参数

05 使用相同的方法创建选区，选区位置如图9-9所示，在"色阶"对话框中设置参数，如图9-10所示。将图层和分组命名为"底部-2"。

图9-9 建立选区

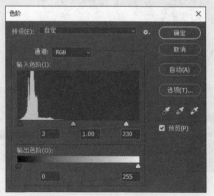
图9-10 色阶参数

06 使用相同的方法创建选区，选区位置如图9-11所示，在"色阶"对话框中设置参数，如图9-12所示。将图层和分组命名为"金属件-2"。

图9-11　建立选区

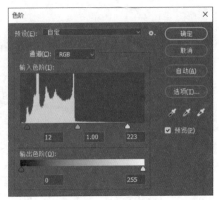

图9-12　色阶参数

07 使用相同的方法创建选区，选区位置如图9-13所示，在"色阶"对话框中设置参数，如图9-14所示。将图层和分组命名为"纹理-2"。

图9-13　建立选区

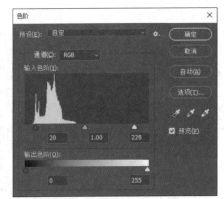

图9-14　色阶参数

08 使用相同的方法创建选区，选区位置如图9-15所示，在"色阶"对话框中设置参数，如图9-16所示。将图层和分组命名为"上盖-1"。

图9-15　建立选区

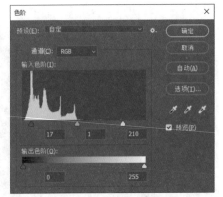

图9-16　色阶参数

09 使用相同的方法创建选区，选区位置如图9-17所示，在"色阶"对话框中设置参数，如图9-18所示。将图层和分组命名为"金属件-3"。

图9-17　建立选区

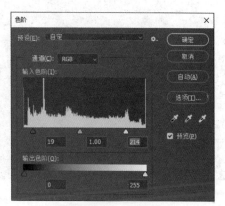

图9-18　色阶参数

10 使用相同的方法创建选区，选区位置如图9-19所示，在"色阶"对话框中设置参数，如图9-20所示。将图层和分组命名为"金属件-4"。

图9-19　建立选区

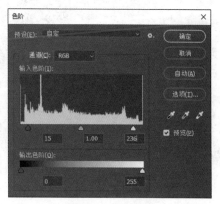

图9-20　色阶参数

11 使用相同的方法创建选区，选区位置如图9-21所示，在"色阶"对话框中设置参数，如图9-22所示。将图层和分组命名为"透明件"。

图9-21　建立选区

图9-22　色阶参数

12 使用相同的方法创建选区，选区位置如图9-23所示，在"色阶"对话框中设置参数，如图9-24所示。将图层和分组命名为"小部件"。

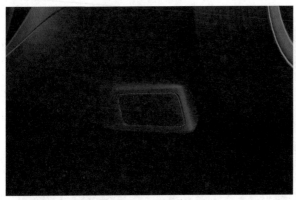

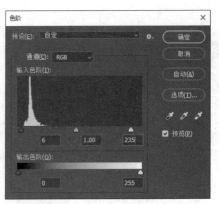

图9-23　建立选区　　　　　　　　　　　　图9-24　色阶参数

13 使用相同的方法创建选区，选区位置如图9-25所示，在"色阶"对话框中设置参数，如图9-26所示。将图层和分组命名为"纹理-3"。

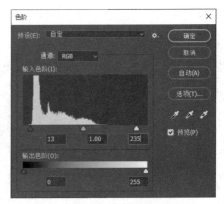

图9-25　建立选区　　　　　　　　　　　　图9-26　色阶参数

14 使用相同的方法创建选区，选区位置如图9-27所示，在"色阶"对话框中设置参数，如图9-28所示。将图层和分组命名为"金属件-5"。

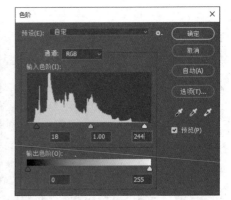

图9-27　建立选区　　　　　　　　　　　　图9-28　色阶参数

15 产品部件全部调色完成后，将其图层统一分组，并将组命名为"全部"，如图9-29所示；此时产品的明暗对比已有明显的区分，如图9-30所示。

图9-29　图层分组

图9-30　明暗对比效果

9.2　无线吸尘器补光

01 选择"金属件-1"图层,使用"椭圆工具"中的"路径"选项,绘制如图9-31所示的圆形轮廓,右击圆形轮廓线,在弹出的快捷菜单中选择"建立选区"命令,并对选区进行复制,使其成为单独处理的图层,如图9-32所示。

图9-31　绘制轮廓

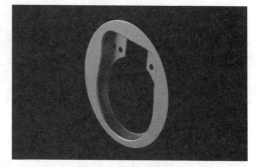

图9-32　部件单独区分

02 加强前面板的明暗对比。使用"加深工具"对右下方进行加深,设置"曝光度"为45%,再使用"减淡工具"对左上方进行减淡,设置"曝光度"为10%,注意画笔边缘的融合,效果如图9-33所示。

03 调整金属件侧面圆环区域的明暗关系。新建图层,命名为"金属件亮部",将该图层放至前面板与金属件图层之间,且对金属件图层使用剪贴蒙版。使用"画笔

图9-33　补光效果

工具"在如图9-34所示的边缘绘制，在"图层"面板中，设置图层混合模式为"柔光"，如图9-35所示；再次新建图层，使用"画笔工具"涂抹亮部，如图9-36所示。

图9-34　提亮反光　　　　　　图9-35　混合模式　　　　　　图9-39　调整效果

04 将"金属件-1"组内的图层创建新组，复制并合并图层，将其命名为"金属件-1备份"，如图9-37所示；执行菜单"滤镜"|"杂色"|"添加杂色"命令，在弹出的"添加杂色"对话框中设置参数，如图9-38所示，使该部件更具金属感，如图9-39所示。

图9-37　图层合并　　　　　　图9-38　添加杂色　　　　　　图9-39　处理效果

05 调整纹理的明暗关系，使其转折关系更为明确。新建图层，命名为"金属件暗部"，并对该图层创建剪贴蒙版，使用"画笔工具"涂抹纹理下方边缘，将"图层"面板中的混合模式设置为"柔光"，如图9-40所示；同理，调整明暗交界处，如图9-41所示；新建图层，命名为"金属件转折"，并对该图层创建剪贴蒙版，使用"画笔工具"涂抹纹理上方边缘，在"图层"面板中，设置混合模式为"变暗"、"不透明度"为75%，如图9-42所示。

图9-40　绘制暗部

图9-41　绘制暗部转折

图9-42　暗部效果

06 增加纹理边缘反光。使用"钢笔工具"沿着如图9-43和图9-44所示的纹理边缘制作路径，再使用"画笔工具"打开压力模式，描绘路径，将"图层"面板中的混合模式设置为"柔光"。同理，制作另一处反光，执行菜单"滤镜"|"模糊"|"高斯模糊"命令，在弹出的对话框中设置参数，如图9-45所示；效果如图9-46所示。

图9-43　绘制反光路径1

图9-44　绘制反光路径2

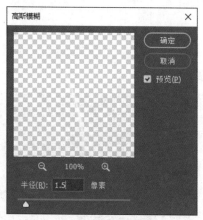

图9-45　高斯模糊

图9-46　反光效果

07 处理底部明暗关系。新建图层，创建剪贴蒙版，使用"画笔工具"涂抹底部，将"图层"面板中的混合模式设置为"柔光"，如图9-47所示；使用"加深工具"与"减淡工具"分别对暗部、亮部进行处理，如图9-48所示。

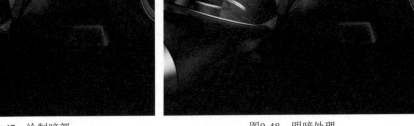

图9-47　绘制暗部　　　　　　　　　　　　　　　图9-48　明暗处理

08 调整"底部-2"图层的明暗关系。新建图层，创建剪贴蒙版，然后使用"画笔工具"绘制侧面、顶面阴影及底面转折面，如图9-49所示；在"图层"面板中，设置混合模式为"柔光"、"不透明度"为80%。使用"橡皮擦工具"擦拭出侧面边缘，再使用"减淡工具"提亮边缘反光亮度，效果如图9-50所示。

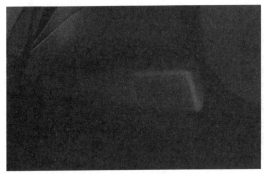

图9-49　绘制反光　　　　　　　　　　　　　　　图9-50　处理效果

09 使用"画笔工具"将侧面亮部覆盖，如图9-51所示；再次使用"画笔工具"重新绘制亮部，如图9-52所示；执行菜单"滤镜"|"模糊"|"高斯模糊"命令，在弹出的对话框中，设置"半径"为50%，将"图层"面板中的混合模式设置为"柔光"，如图9-53所示；同理，绘制另一边亮部，并将"不透明度"设置为55%，效果如图9-54所示。

图9-51　颜色覆盖　　　　　　　　　　　　　　　图9-52　绘制亮部1

图9-53　绘制亮部2

图9-54　处理效果

10 调整金属件明暗关系。使用"椭圆工具"框选如图9-55所示的圆形区域，新建图层，使用"画笔工具"绘制暗部，如图9-56所示；分别使用"加深工具"和"减淡工具"增强明暗对比，如图9-57所示。设计者可根据实际绘制效果，灵活调整颜色的深浅，不必追求与图片中的颜色一致，能够将明与暗产品对比即可。

图9-55　描绘面板侧边

图9-56　绘制暗部

图9-57　明暗调整

11 新建图层，创建剪贴蒙版，使用"画笔工具"涂抹顶部蓝色反光，将"图层"面板中的混合模式设置为"色相"，如图9-58所示；再次新建图层，将"图层"面板中的混合模式设置为"柔光"，如图9-59所示。

图9-58　覆盖反光

图9-59　调整效果

12 调整纹理明暗关系。将"纹理-2"图层复制备用。新建选区，创建剪贴蒙版，使用"画笔工具"覆盖底部蓝色反光，并将图层混合模式设置为"色相"，如图9-60所示；再使用"加深工具"和"减淡工具"加强明暗关系，如图9-61所示。

图9-60 覆盖反光

图9-61 明暗处理

13 选择复制图层，执行菜单"滤镜"|"滤镜库"命令，在弹出的对话框中选择"风格化"|"照亮边缘"选项，设置参数，如图9-62所示；在"图层"面板中，设置混合模式为"颜色减淡"、"不透明度"为25%，效果如图9-63所示。

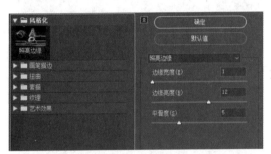

图9-62 滤镜库

图9-63 调整效果

14 复制上盖侧面部分，新建剪贴蒙版图层，使用"钢笔工具"绘制侧面转折路径，将图层混合模式设置为"变暗"，如图9-64所示；再次新建图层，使用"画笔工具"绘制暗部，将图层混合模式设置为"柔光"，如图9-65所示。

图9-64 绘制路径

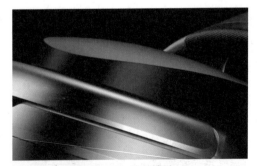

图9-65 处理效果

15 新建两个图层，分别命名为"上盖亮部-1"和"上盖亮部-2"，使用"画笔工具"绘制亮部，将"上盖亮部-1"图层面板中的混合模式设置为"柔光"，将"上盖亮部-2"图层面板中的混合模式设置为"变亮"，效果如图9-66所示；使用"加深工具"绘制顶部的过渡面，并且加深侧面与顶面交接的边缘，效果如图9-67所示。

图9-66　绘制亮部

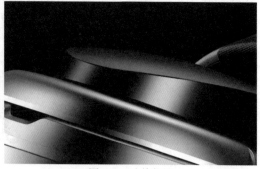

图9-67　边缘加深

16 对上盖区域进行明暗调整。使用"加深工具"和"减淡工具"调整明暗对比，如图9-68所示；利用"钢笔工具"勾画侧边轮廓，右击轮廓线，在弹出的快捷菜单中选择"建立选区"命令，使用"画笔工具"重新绘制明暗关系，效果如图9-69所示；同理，对下方侧边进行相同的操作，如图9-70所示；将图层建组复制，然后合并组内图层，执行菜单"滤镜"|"杂色"|"添加杂色"命令，在弹出的对话框中设置参数，如图9-71所示。

图9-68　明暗调整

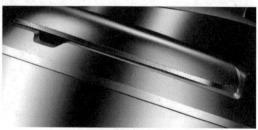

图9-69　调整明暗效果

图9-70　调整明暗效果2

图9-71　添加杂色

17 对"金属件-4"图层进行明暗调整，使用"加深工具"涂抹转折面，如图9-92所示；再使用"钢笔工具"和"画笔工具"绘制暗部反光，高斯模糊处理后，将图层不透明度设置为30%，如图9-73所示。

图9-72 绘制暗部

图9-73 处理效果

18 新建图层，利用各种选区工具和"油漆桶工具"对其进行颜色覆盖，如图9-74所示；执行菜单"滤镜"|"杂色"|"添加杂色"命令，在弹出的"添加杂色"对话框中设置参数，如图9-75所示。

图9-74 颜色填充

图9-75 添加杂色

19 执行菜单"滤镜"|"模糊"|"动感模糊"命令，在弹出的"动感模糊"对话框中，设置"角度"为-17度、"距离"为210像素，如图9-76所示；将图层混合模式设置为"柔光"，效果如图9-77所示；添加反光，效果如图9-78所示。

图9-76 动态模糊

图9-77 混合模式效果

20 调整玻璃区域的明暗关系。使用"加深工具"过渡左右边缘，如图9-79所示；再使用"钢笔工具"勾画形状，并建立选区，处理玻璃内部环境反光，如图9-80所示；在左侧边缘可使用"修补工具"进行处理，效果如图9-81所示。

图9-78　处理效果

图9-79　加深过渡

图9-80　建立选区

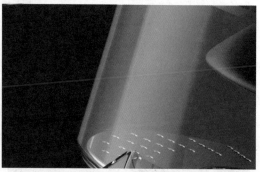

图9-81　处理效果

21 新建图层，使用"钢笔工具"和"画笔工具"绘制反光区域，如图9-82所示；执行菜单"滤镜"|"模糊"|"高斯模糊"命令，在弹出的对话框中，设置"半径"为5像素，将图层不透明度设置为80%，如图9-83所示；同理，绘制左侧反光与中部反光，将图层不透明度分别设置为70%和20%，如图9-84所示。

图9-82　绘制反光

图9-83　模糊效果

图9-84　调整效果

22 新建图层，使用"钢笔工具"绘制如图9-85所示的形状，按快捷键Ctrl+Enter，建立选区，并填充颜色为白色。执行菜单"滤镜"|"模糊"|"高斯模糊"命令，在弹出的对话框中，设置"半径"为5.5像素，再将图层不透明度设置为8%，增加玻璃朦胧感，如图9-86所示。

图9-85　颜色填充

图9-86　处理效果

23 新建图层，使用"钢笔工具"绘制环形轮廓，右击轮廓曲线，在弹出的快捷菜单中选择"建立选区"命令，再使用"画笔工具"调整明暗关系，如图9-87所示；同理，对下方环形部件进行明暗的调整，最后添加反光，如图9-88所示。

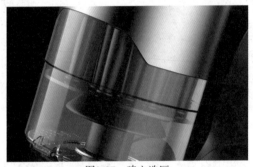

图9-87　建立选区

图9-88　反光效果

24 新建图层，使用"钢笔工具"和"画笔工具"绘制底部部件厚度，如图9-89所示；再使用"加深工具"和"减淡工具"调整明暗关系，最后在底部绘制反光，如图9-90所示；在此不再赘述，因其精修的过程也是操作命令反复使用的过程，所以，有了前面的基础，设计者只需要关注产品修图的细节，掌握好明暗关系、反光等运用即可。

图9-89　绘制厚度

图9-90　处理效果

25 同理，绘制接缝处厚度，如图9-91所示；选择反光区域，使用"减淡工具"削弱反光亮度，如图9-92所示。

图9-91　边缘加深

图9-92　添加反光

26 使用"加深工具"和"减淡工具"，调整"纹理-3"图层的明暗对比，如图9-93所示。

27 调整"金属件-5"图层的明暗关系，使用"钢笔工具"绘制如图9-94所示的反光形状，使用"减淡工具"减弱反光，如图9-95所示；执行菜单"滤镜"|"模糊"|"高斯模糊"命令，在弹出的对话框中，设置"半径"为18像素，并将图层不透明度设置为70%，效果如图9-96所示。

图9-93　调整明暗

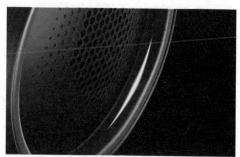

图9-94　绘制反光

图9-95　减弱反光

图9-96　调整效果

28 使用"画笔工具"绘制吸尘器把手侧面的过渡面，如图9-97所示；使用"钢笔工具"绘制反光路径曲线，右击轮廓曲线，在弹出的快捷菜单中选择"建立选区"命令，使用"画笔工具"调整明暗关系，如图9-98所示；绘制高光效果，如图9-99所示。

图9-97　绘制过渡

图9-98　绘制反光区域轮廓

图9-99　添加高光效果

9.3　添加无线吸尘器标志

01 使用"横排文字工具"和"矩形工具"制作如图9-100所示的产品标准，调整透视关系，将图层混合模式设置为"正片叠底"，使文字与产品贴合，如图9-101所示。

图9-100　产品标准

图9-101　文字与产品贴合

02 使用"钢笔工具"绘制环形曲率路径，如图9-102所示；利用该路径，使用"横排文字工具"创建文字，对文字图层样式添加"斜面和浮雕"与"颜色叠加"效果，如图9-103和图9-104所示；字体效果如图9-105所示；使用相同的方法，制作产品标签，如图9-106所示。

图9-102　描绘字体路径

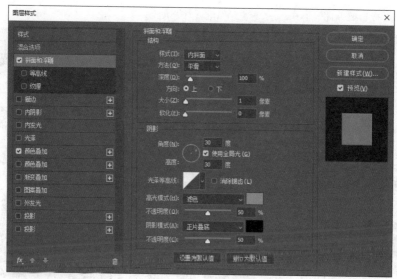

图9-103　图层样式1

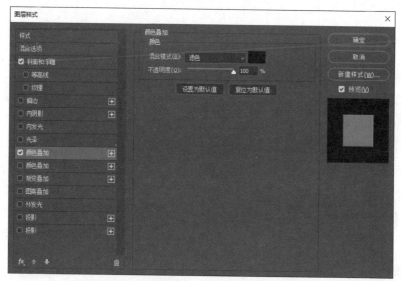

图9-104　图层样式2

图9-105　字体效果

图9-106　标签效果

03 原始效果如图9-107所示，最终效果如图9-108所示。

图9-107 原始效果 　　　　　　　　　　　　　　　图9-108 最终效果

9.4 本章小结

产品效果图精修的目的是为了提高产品的品质感和视觉感，从而增加产品的转化率。如电器、化妆品等，都离不开产品效果图精修，由于这类产品的特殊性，如果没有好的产品视觉效果，会直接影响消费者的购买欲。产品效果图后期精修需要注意体积感、结构感、光感、色感等。遵循这些要点，可以优化因渲染不足而导致的产品细节缺失、瑕疵等问题。

本章通过无线吸尘器案例，讲解明暗关系对比、转折细节处理、表面质感增强、反光的处理，以及标志和标签制作等知识。在学习过程中，设计者要掌握其本质核心，不要仅停留在表面的操作。精修没有复杂的技术，只需要懂得光影的三大面和五大调，了解一些绘制光影的操作技巧，就能顺利完成。